DE LA BIOLOGIE
À
L'ÉTHIQUE

DU MÊME AUTEUR

La maladie de Hodgkin, avec Paul Chevallier, Masson éditeur.

Les adénopathies inguinales, avec Paul Chevallier, Alcan éditeur.

Intoxication par les somnifères, avec Charles Flandin et François Jolly, Doin éditeur.

Polyglobulies et leucémies provoquées par les injections intra-médullaires de goudron, Doin éditeur.

Comment traiter les leucémies, éditions médicales Flammarion.

Maladies du sang et des organes hématopoïétiques, éditions médicales Flammarion.

Hématologie clinique, avec M. Bessis, Masson éditeur.

Les cytopénies médicamenteuses, avec J. Dausset et C. Magis, Masson éditeur.

Hématologie géographique, avec J. Ruffié, en deux tomes, Masson éditeur.

Rubidomycin, avec R. Paul, M. Boiron, C. Jacquillat, R. Maral, Springer éditeur.

Abrégé d'hématologie, avec J.-P. Lévy, Masson éditeur.

Chroniques hématologiques, Masson éditeur.

Hématologie, avec J.-P. Lévy et B. Varet, éditions médicales Flammarion.

La pénicilline, Buchet/Chastel éditeur.

Survivance, Buchet/Chastel éditeur.

État de la médecine, Buchet/Chastel éditeur.

Grandeur et tentations de la médecine, Buchet/Chastel éditeur.

Discours de réception à l'Académie française, Buchet/Chastel éditeur.

L'homme changé par l'homme, Buchet/Chastel éditeur.

L'espérance ou le nouvel état de la médecine, Buchet/Chastel éditeur.

Mon Beau Navire, Buchet/Chastel éditeur.

Le sang des hommes, Buchet/Chastel éditeur.

Le sang et l'histoire, Buchet/Chastel éditeur.

L'enfant, le sang et l'espoir, Buchet/Chastel éditeur.

La création vagabonde, avec J.-L. Binet et M. Besois, Hermann éditeur.

Et l'âme? demande Brigitte, Buchet/Chastel éditeur.

C'est de l'homme qu'il s'agit, O. Jacob éditeur.

JEAN BERNARD
de l'Académie Française

DE LA BIOLOGIE À L'ÉTHIQUE

Nouveaux Pouvoirs de la Science
Nouveaux Devoirs de l'Homme

ÉDITIONS BUCHET/CHASTEL
18, rue de Condé 75006 PARIS

Si cet ouvrage vous a intéressé, il vous suffira d'adresser votre carte de visite aux ÉDITIONS BUCHET/CHASTEL, 18, rue de Condé, 75006 PARIS, pour recevoir gratuitement nos bulletins illustrés par lesquels vous serez informé de nos dernières publications.

SOMMAIRE

CHAPITRE Ier

L'ÉTINCELLE MÊME DE SON CRI

CHAPITRE II

CONSÉQUENCES MORALES DE LA RÉVOLUTION THÉRAPEUTIQUE

CHAPITRE III

CONSÉQUENCES MORALES DE LA RÉVOLUTION BIOLOGIQUE LES TROIS MAÎTRISES

CHAPITRE IV

CHAPITRE V

CHAPITRE VI

L'ENFANT

CHAPITRE VII

LES ANIMAUX ET L'EXPÉRIMENTATION

CHAPITRE VIII

LA PERSONNE – LA CONNAISSANCE

CHAPITRE IX

LA CONNAISSANCE

CHAPITRE X

LES FRONTIÈRES

CHAPITRE XI

LES COMITÉS D'ÉTHIQUE

CHAPITRE XII

ENSEIGNEMENT DE LA BIO-ÉTHIQUE

CHAPITRE XIII

LE BIOLOGISTE ET LE JOURNALISTE

CHAPITRE XIV

LA BIO-ÉTHIQUE EN 2090

La bio-éthique, c'est d'abord une double rigueur, la rigueur glacée de la science, la rigueur rigide de la morale. Mais c'est aussi, alliées à ces rigueurs, la chaleur de la vie, la profondeur de la réflexion. La chaleur, la profondeur d'une discipline tout entière inspirée par l'espoir de limiter cette souffrance humaine toujours présente autour des questions posées, tout entière inspirée par l'amour du prochain.

CHAPITRE I

L'étincelle même de son cri

HISTOIRE

Nouvelle-Angleterre – Sardaigne et Chypre

Une dame américaine habitant la Nouvelle-Angleterre est à la fois stérile et très riche. Elle s'assure les services d'une pauvre femme qui recevra le sperme du mari de la dame stérile et, après l'accouchement, un nombre élevé de dollars. Un contrat est signé dont les clauses précisent les conditions du marché. L'insémination a lieu. Neuf mois plus tard naît un enfant malformé. « Nous n'en voulons pas », disent les milliardaires. « Il y a un contrat. Donnez-moi mon argent », répond la jeune femme qui a conçu et porté l'enfant.

Procès, expertise, étude des groupes sanguins. L'enfant malformé n'est pas le fils de l'homme qui a donné son sperme. Il est le fils du mari de la jeune mère qui n'avait pas respecté la chasteté convenue pendant les jours précédant ou suivant l'insémination.

Une redoutable maladie de l'hémoglobine, la thalassanémie ou thalassémie, est souvent observée sur les rivages de la Méditerranée, dans les îles. Elle est héréditaire, congénitale, géographique. Elle est soit bénigne (forme mineure), soit très grave (forme majeure). Les enfants victimes de la thalassémie majeure mènent une vie misérable pendant huit, dix, douze ans, allant d'hôpital en hôpital, de traitements médicaux en transfusions, coûtent très cher aux sociétés concernées, meurent le plus souvent avant la puberté. Lorsque les deux parents sont atteints de thalassémie mineure, certains de leurs enfants souffriront de thalassémie majeure. Le diagnostic de thalassémie majeure du fœtus peut être aujourd'hui fait grâce à l'étude de ses gènes, au début de la grossesse.

Dans deux grandes îles de la Méditerranée, en Sardaigne, à Chypre, la thalassémie est très fréquente et les dépenses liées au traitement des enfants thalassémiques majeurs sont devenues insupportables, grèvent lourdement le budget de ces îles, empêchent de soigner correctement les autres enfants atteints eux de maladies curables.

Pour limiter ces dépenses, les autorités médico-administratives de ces deux grandes îles ont recommandé la pratique systématique, au début de la grossesse, du diagnostic de thalassémie majeure. Avec sa conséquence, l'interruption de la grossesse si la forme grave est reconnue. Décision remarquable dans ces îles très religieuses, l'une catholique, l'autre grecque orthodoxe. Décision doublement dramatique si l'on songe aux vies interrompues et si l'on rappelle qu'un traitement appliqué peu après la naissance, la greffe de moelle osseuse, peut guérir ces enfants. Mais la greffe de moelle osseuse coûte 400 000, 500 000 francs. Ainsi s'entrelacent, en un écheveau assez infernal, données biologiques, médicales, éthiques, religieuses, financières.

La morale médicale

La morale médicale s'est, depuis Hippocrate, limitée à quelques règles simples, généralement encore qu'inconstamment respectées, générosité, compassion, dévouement, désintéressement.

Les infractions n'étaient pas exceptionnelles. De Plaute à Molière et Jules Romains, les auteurs de comédies se sont souvent plu à les dénoncer. Mais les médecins, en grande majorité, respectaient, tout au long de leur vie professionnelle, les règles morales rappelées de génération en génération.

Les progrès de la connaissance

Les deux missions les plus nobles de l'homme sont probablement d'accroître la connaissance et de transmettre la connaissance. Mais voici qu'avec les progrès de la connaissance, une troisième mission apparaît, à savoir le bon usage de ces progrès de la connaissance, le devoir d'en favoriser les effets heureux, d'en limiter les effets pervers.

Ainsi s'ouvrent à la réflexion des voies neuves.

Saint-John Perse – Albert Camus

Saint-John Perse. « Car notre quête n'est plus de cuivre, ni d'or vierge; n'est plus de houilles, ni de naphtes. Mais, comme aux bouges de la vie, le germe même sous sa crosse, et comme aux antres du voyant, le timbre même sous l'éclair, nous cherchons dans l'amande et l'ovule, et le noyau d'espèces nouvelles, au foyer de la force, l'étincelle même de son cri. »

Albert Camus. « Il n'a jamais tué une mouche. » « La mouche qu'il aurait pu tuer est allée porter la peste. »

Les deux révolutions

Les deux révolutions que nous venons de vivre ont tout changé.

La révolution thérapeutique commence avec les sulfamides en 1937. Elle donne à l'homme, après des millénaires d'impuissance, le pouvoir de triompher de maladies longtemps fatales, la tuberculose, la syphilis, les grandes septicémies, les affections des glandes endocrines, les désordres de la chimie des humeurs.

Cette révolution change le destin des hommes. Elle reste empirique. De cet empirisme, témoigne, entre autres, l'histoire de la découverte de la pénicilline par Fleming, heureuse alliance, comme on l'a dit, du hasard et du génie.

La révolution biologique est plus récente. Elle est rationnelle. Elle inspire le concept de pathologie moléculaire qui gouverne aujourd'hui toute la médecine. Elle a été illustrée par la découverte du code génétique, des lois simples qui président à la formation de la vie.

Trois périodes

Trois périodes se succèdent dans l'histoire de la morale biologique et médicale.

Le temps de l'ignorance. La première période est le temps de l'ignorance. Pour singulier que cela paraisse, il n'y a pas de différence notable entre le pouvoir (ou l'absence de pouvoir) d'un médecin de l'antiquité grecque et le pouvoir (ou l'absence de pouvoir) d'un médecin du début de notre XIXe siècle. L'espérance de vie à la naissance est de dix-huit ans pendant la préhistoire. Elle ne dépasse pas trente ans vers 1820 à Paris. Et la mort, jusqu'à l'époque contemporaine, emporte les nouveau-nés des familles royales comme ceux des familles plébéiennes.

Cette impuissance, cette ignorance, maintenues pendant plusieurs millénaires, expliquent certaines orientations de la morale et de la philosophie.

De la morale médicale en premier. Et d'abord sa stabilité. La médecine ne change pas. La morale de la médecine ne change pas non plus. D'où la permanence des règles hippocratiques.

De la philosophie ensuite. Les philosophes constatent que la médecine est impuissante. Ils la tiennent pour définitivement impuissante. Même, lorsque surviendra la révolution thérapeutique, ils ne l'intégreront pas (ou très peu) à leurs réflexions. Ils oublient que la médecine a pour mission de triompher des maladies. Quand cette mission commence d'être remplie, ils ne s'en aperçoivent pas. D'où, masquée par de brillants développements, une fréquente méconnaissance de la situation réelle.

Le temps des balbutiements. Après 1937 tout change. Mais la clarté projetée par les découvertes est aveuglante. L'enthousiasme que suscitent les progrès ne permet pas de songer à toutes leurs conséquences. Pourtant quelques médecins, quelques chercheurs perspicaces perçoivent assez vite les nouveaux périls, les signalent, pensent à les prévenir. Tels Jean Hamburger, Jean Dausset lors des premières transplantations d'organes. Mais de telles perspicacités sont peu nombreuses. Ailleurs on balbutie. Bien souvent les problèmes tout neufs sont abordés avec les méthodes anciennes de pensée. Ainsi un congrès de Morale médicale se tient à Paris en 1966. Il est ouvert par le Général de Gaulle, présidé par le Professeur Robert de Vernejoul. La traditionnelle déontologie, les discussions non moins traditionnelles sur la responsabilité du médecin y tiendront le premier rang.

La médecine du passé est inefficace et sacrée, protégée par les incantations des chamans, par le latin et la robe de Diafoirus. La médecine moderne est efficace et doit assurer sa responsabilité. Comme l'écrit Canguilhem « la médecine, puisqu'elle est désormais scientifiquement et techniquement armée, doit accepter de se voir radicalement désacralisée ».

De Claude Bernard à Jacques Monod et François Jacob

Claude Bernard refuse les forces vitales et les physiologies métaphysiques. Il montre par ses recherches, par ses expériences, que la même physique, la même chimie gouvernent la vie et la matière. D'où le déterminisme. « Il y a un déterminisme absolu de toutes les sciences parce que chaque phénomène étant enchaîné d'une manière nécessaire à des conditions physico-chimiques, le savant peut les modifier pour maîtriser le phénomène, c'est-à-dire pour favoriser ou empêcher sa manifestation. Les manifestations des corps vivants aussi bien que celles des corps bruts sont dominées par un déterminisme nécessaire qui les enchaîne à des conditions d'ordre physico-chimique. »

Deux interprétations de ces constatations ont été

proposées. La première interprétation assemble les partisans d'un déterminisme absolu. Le déterminisme est pour eux un acte de foi. Il peut être rapproché de la rigueur de certaines religions qui tiennent pour défini à l'avance le destin de chaque homme, destin qui, quelles que soient ses œuvres, le conduira au paradis ou à l'enfer.

La seconde interprétation considère le déterminisme comme une méthode de travail, comme une attitude permettant d'éclairer les mystères, les énigmes de la nature.

La première interprétation tue toute liberté et, en conséquence, l'éthique. Point de liberté, point d'éthique. La seconde interprétation s'accorde avec la liberté. Comme l'écrit Jean Hamburger « La liberté de l'âme humaine existe. Je l'ai rencontrée ». L'éthique humaine est, dans une large mesure, une révolte inspirée par ce concept de liberté, défendant l'individu unique, chaque homme différant des autres hommes.

Les progrès de la recherche scientifique, la naissance, l'essor de la biologie moléculaire allaient renouveler les termes de la discussion. Doublement. D'un côté avec la découverte du code génétique, des lois qui gouvernent la vie, de leur nécessité.

D'un autre côté avec le refus d'une vision cohérente de l'univers et l'avènement du discontinu, le refus du finalisme orienté et l'affirmation par François Jacob, Jacques Monod du hasard des jeux moléculaires. Avec, conçue par Jacques Monod, la naissance d'une nouvelle éthique, d'une ascèse fondée sur la connaissance, sur l'objectivité, sur la lucidité, sur la fin des croyances transcendantales.

Hitler

Jean Rostand, Jean Hamburger ont souligné l'importance de « l'étrange événement qui survint dans l'histoire de la vie sur terre, le jour où l'espèce humaine eut l'audace de dire non aux règles du jeu qui, depuis plus de trois millions d'années, paraissaient définir la vie animale ». Non à la cruauté, non à l'injustice, oui au respect de l'individu.

L'évolution heureuse suscitée par cette révolution a connu des stagnations, des reculs. Le plus dangereux de ces retours à la barbarie est tout récent. En quelques années, Hitler et les siens ont créé une barbarie nouvelle. Une barbarie inspirée d'une part par le mépris de la personne, d'autre part par une science erronée, assurée d'elle-même, fausse. Il convient de rappeler que les expériences scandaleuses des médecins hitlériens utilisant comme animaux de laboratoires des femmes, des hommes, des enfants déportés, emprisonnés, que ces expériences n'ont pas permis un seul progrès scientifique valable. Elles furent à la fois barbares et absurdes.

Les très fortes études poursuivies lors des procès de Nuremberg ont apporté de précieuses et cruelles informations, ont permis d'ébaucher des protections, d'examiner les règles éthiques organisant cette protection.

L'expérimentation sur l'homme est certes très ancienne mais, comme l'écrit Charles Braibant, elle a pris une forme nouvelle pour deux raisons, les atrocités nazies et la révolution scientifique de la deuxième moitié du XXe siècle. « C'est en réalité un nouvel humanisme qui se forme ainsi de façon dialectique sur fond de crimes et de découvertes. »

Naissance de la bio-éthique

Où commence la bio-éthique? Comme pour Homère, comme pour Christophe Colomb, plusieurs îles, plusieurs villes, plus exactement plusieurs disciplines, plusieurs méthodologies, plusieurs rencontres se disputent la gloire d'avoir donné naissance à la bio-éthique. Des colloques internationaux consacrés aux Droits de l'homme, aux menaces, aux atteintes subies, aux protections possibles, ont considéré, analysé certaines questions intégrées aujourd'hui à la bio-éthique. Tels furent après Nuremberg (1947) ceux d'Helsinki (1964), de Tokyo (1975), de Manille (1980).

Les magistrats, les hommes politiques s'interrogeaient. Les médecins, les biologistes aussi. Interrogations longtemps éparses qui peu à peu s'ordonnent.

Deux étapes importantes furent le Colloque d'Asilomar en 1974, le premier Congrès du Mouvement International de la responsabilité scientifique à Paris en 1976.

La réunion d'Asilomar fut suscitée par le génie génétique, par ce pouvoir que l'homme de science venait d'acquérir de modifier le patrimoine génétique des êtres vivants.

Pour la première fois, plus exactement pour la première fois publiquement, les hommes de science prenaient conscience de leur pouvoir, des conséquences de leur pouvoir, s'efforçaient de mesurer ces pouvoirs, de mesurer ces conséquences, de fortifier les conséquences heureuses, de limiter les conséquences périlleuses.

C'est un homme de lettres, un grand poète, le Recteur Robert Mallet, qui perçoit vers 1977 l'importance de la révolution scientifique, comprend la gravité, la nouveauté des problèmes concernant l'homme. Leur caractère changeant aussi. Ainsi est fondé, à la Sorbonne, le Mouvement Universel de la Responsabilité Scientifique. Les questions de bio-éthique seront au premier rang des préoccupations du créateur du mouvement et de ses amis.

Ainsi se sont succédé balbutiements, diversité, prises de conscience plus fortes, cristallisation véritable. Les dernières années voient la bio-éthique devenir un domaine important de la réflexion humaine. Les formes adoptées varient de pays en pays, comités, associations, mouvements, colloques, congrès. Mais les principes fondamentaux juste apparus se précisent et aussi les méthodes, l'alliance nécessaire des médecins, des biologistes d'un côté, des philosophes, des théologiens, des sociologues, des juristes d'un deuxième côté, des citoyens non spécialisés, mais fortement concernés enfin.

DÉFINITION

Les Dictionnaires

Dictionnaire de l'Académie Française

1776. Signifie morale et n'a d'usage que dans le Didactique. On appelle *les Éthiques* d'Aristote les ouvrages moraux d'Aristote.

1978. (pour la IXe édition). Adj. et n. 1) Qui concerne la morale. Préceptes éthiques, jugements éthiques. 2) L'éthique, la science de la morale. Titre de divers traités philosophiques. *L'éthique à Nicomaque* d'Aristote. *L'éthique* de Spinoza. Mot très employé aujourd'hui pour désigner l'ensemble de principes et de jugements qui caractérisent un groupe, une profession. Se conformer à l'éthique chrétienne. Refuser l'éthique bourgeoise.

LITTRÉ 1) Substantif. Terme de philosophie. La science de la morale. « L'éthique politique a deux objets principaux, la culture de la nature intelligente, l'institution du peuple (Diderot). »

2) Adjectif. Qui appartient à la morale. Préceptes éthiques. « Toute leur science éthique ne contient que ces deux articles : résolution à la guerre et affection à leur femme. »

ROBERT. 1) Substantif. Science de la morale. Art de diriger la conduite. Ouvrage traitant de cette science, de cet art. « L'éthique bourgeoise ne dérive pas de la providence. Ses règlements universels et abstraits sont inscrits dans les choses » (Sartre).

2) Adjectif. Qui concerne la morale. Préceptes, jugements éthiques. Science éthique.

« Le Bouddhisme et le Christianisme, religions éthiques plus que métaphysiques » (Malraux).

« La revendication de justice aboutit à l'injustice si elle n'est pas fondée d'abord sur une justification éthique de la justice » (A. Camus).

Évolution sémantique de l'éthique

Le mot morale a longtemps été le seul employé. L'éthique, comme l'indiquent les vieux dictionnaires, était réservée au langage des philosophes.

Mais, depuis vingt ou trente ans, le mot morale

paraît désuet, suranné, poussiéreux. La morale n'est plus enseignée dans les écoles. L'évolution sémantique suit ici l'évolution des mœurs.

Cependant que s'assoupit la morale, l'éthique naît ou plutôt renaît. Elle nous vient du grec par un détour américain. Elle est glorieuse, triomphante, orne agréablement le langage des hommes d'État, des philosophes, des sociologues, des juristes. Avec des sens très divers. Tantôt très étendue, l'éthique couvrant et dépassant le champ de la morale traditionnelle, tantôt plus limitée dans sa signification même : science de la morale, réflexion philosophique inspirée par la morale, ou dans son application. L'importance des questions liées au développement de la biologie a fait que, pour une extension contestable, éthique et bio-éthique sont devenues, dans le langage courant, des mots presque synonymes.

***

Embarrassé par ces difficultés, par ces incertitudes, j'ai consulté deux éminentes hellénisantes : Jacqueline de Romilly et Hélène Ahrweiler

Èthos et éthos. Le terme « *èthos* » (ἦθος) désigne l'ensemble des habitudes, des comportements dont l'enracinement profond fait d'elles une « seconde nature », selon un dicton grec. Il a fini par signifier la tenue de l'âme, le style au sens de ce terme dans la France du XVIIe siècle : le style fait l'homme.

Le terme « *éthos* » (ἔθος), complémentaire du précédent, signifie la place habituelle (par exemple le soleil a sa place à l'orient, à l'est quand il se lève). Il signifie, par extension, la juste place de toute chose.

Ikos. Le suffixe « ique » reproduit le suffixe grec -ikos. Ce suffixe, qui sert à classer, s'est largement répandu à la fin du Vᵉ siècle et au début du IVᵉ siècle avant J.C., avec les philosophes. Au féminin, avec *techné* sous entendu, il a donné presque toutes nos sciences (physique, rhétorique, etc.).

L'éthique implique une réflexion critique sur les comportements et commence à exister avec Aristote. Et ce mot savant, par opposition avec son parallèle latin « morale » suppose que l'on s'interroge sur les principes et qu'on en discute. Le mot reflète donc ce merveilleux effort de lucidité qui caractérise alors la pensée grecque. L'éthique est l'expression de la mesure. Elle est garante de l'harmonie qui résulte de la bonne tenue de l'âme et qui commande la juste place de toute chose (et de tout acte) dans le monde.

Ainsi, et plus schématiquement, l'éthique a pour objet la relation de l'âme avec l'environnement.

CHAPITRE II

Conséquences morales de la révolution thérapeutique

INTRODUCTION

Conséquences différentes des deux révolutions récentes

La médecine, on l'a souvent rappelé, a plus changé pendant les cinquante dernières années que pendant les cinquante siècles précédents. Mais les deux révolutions responsables de ce changement ont, pour la bio-éthique, des conséquences différentes.

La révolution biologique donne à l'homme (ou est en passe de lui donner) les trois maîtrises, maîtrise de la reproduction, maîtrise de l'hérédité, maîtrise du système nerveux. Elle touche l'homme au plus profond. Elle concerne la société humaine tout entière.

La révolution thérapeutique concerne la médecine ou plus exactement l'éthique de l'application des progrès récents au traitement, à la prévention des maladies, l'éthique de la recherche clinique.

De Molière à la dame aux soixante-cinq médicaments quotidiens

« C'est notre impatience qui gâte tout et la plupart des hommes meurent de leurs remèdes et non de leurs maladies. » Assurément excessive au temps des modestes médicaments de Diafoirus, la critique malicieuse de Molière ne peut être éludée actuellement. Pour chaque nouveau médicament proposé, ses bienfaits, ses éventuels inconvénients doivent être comparés aux bienfaits, aux inconvénients des médicaments antérieurs.

C'est là une obligation nouvelle. La découverte, la préparation de médicaments actifs sont des événements très récents. Au temps certes lointain, mais pas tout à fait préhistorique, de mes études médicales, nous ne disposions que d'un très petit nombre de médicaments actifs. Je me rappelle un jeu qui nous occupa quand j'étais interne des hôpitaux de Paris, vers 1930. « Tu pars dans une île déserte, tu as le droit d'emporter cinq livres et cinq médicaments. Quels sont tes choix? » Le choix des livres était malaisé, le choix des médicaments était simple. C'est tout juste si l'on pouvait trouver cinq médicaments actifs, quinine, aspirine, digitaline, émétine, morphine.

J'ai eu deux fois, à cette époque, la responsabilité, à l'hôpital Claude Bernard, du pavillon réservé aux malades atteints d'érésipèle. En 1933 comme interne, tous les malades mouraient. En 1937 comme chef de clinique, tous les malades guérissaient grâce à la découverte toute récente du premier sulfamide actif, le prontosil ou rubiazol.

L'explosion thérapeutique qui a suivi a eu trois conséquences, 1) un bonheur, la guérison de nombreuses maladies si longtemps fatales, 2) un désordre lié à ce succès, la prescription abusive des médicaments. Une dame de cinquante ans, vue à l'hôpital de l'Institut Pasteur l'an dernier et peu malade, prenait soixante-cinq médicaments chaque jour, 3) une nécessité, la nécessité d'études très rigoureuses de chaque nouveau médicament, appréciant ses vertus, ses inconvénients. Longtemps incertaine, contestée même, cette obligation est devenue très forte, contraignante pour les pouvoirs publics après de retentissants accidents, la mort en 1952 de 73 jeunes enfants due à la poudre de talc Baumol, la mort de 100 personnes provoquée en 1956 par le Stalinon, médicament donné dans les furonculoses, les graves malformations, les phocomélies des nouveau-nés dont la mère avait pendant la grossesse était traitée par la thalidomide. On compta en 1961, 1962, 15 à 20 000 victimes de la thalidomide dans le monde.

LES ESSAIS MÉDICAMENTEUX

Deux grandes périodes

Ainsi ont été organisés les essais médicamenteux. En deux grandes périodes.

Période d'études au laboratoire. Une longue période d'études au laboratoire est indispensable. Elle est indispensable mais non suffisante. Quelque minutieuses, quelque rigoureuses qu'aient été ces études préalables, elles laissent persister une part d'imprévu. Certes le nouveau médicament, tels jadis les chevaliers du Moyen Age, affronte de nombreuses épreuves. Expérimentation sur l'animal (embryons, adultes). Études en cultures de cellules, etc. Ces études préalables apportent d'utiles précisions. Mais aucune expérimentation ne permet de toujours prévoir ce qui se passera exactement chez l'homme.

Période d'essai sur l'homme. Cette période est actuellement codifiée. L'évaluation d'un médicament nouveau se fait en quatre phases.

La phase I est destinée à étudier la tolérance. Des volontaires sains sont utilisés.

La phase II apprécie l'efficacité en fonction de divers modes d'administration.

La phase III a pour objet la comparaison du nouveau médicament avec le meilleur traitement antérieur ou avec l'absence de traitement.

La phase IV, après commercialisation, est destinée à recueillir des informations sur les effets inattendus, indésirables ou positifs, rares ou tardifs.

Des procédures analogues existent dans tous les pays économiquement développés et des procédures à l'échelon européen prennent forme.

De très importantes questions de bio-éthique se trouvent posées par les phases I (volontaires sains) et III (essais comparatifs).

Les volontaires sains

Trois méthodes

1) Les causes des leucémies. Tel est le sujet d'une conférence qu'un médecin français est invité en 1960 à donner dans une grande université des États-Unis. Après la conférence, le professeur américain, responsable de l'invitation, s'adresse aux étudiants : « Nous avons écouté avec grand intérêt notre collègue français. Quels sont parmi vous les volontaires qui accepteraient de se faire injecter dans les veines du sang leucémique? Chacun gagnera 50 dollars et sera aisément reçu aux examens en fin d'année. »

2) Une firme pharmaceutique étrangère assure aux « volontaires sains » une mensualité régulière et substantielle. Le contrat est valable pour plusieurs années. Le volontaire sain ne travaille pas. Il est à la disposition des chercheurs de la firme qui font appel à lui lorsque telle expérience le requiert.

3) Jean Dausset découvre un nouveau système de groupes sanguins HLA. Il postule l'existence d'une relation entre ce système HLA d'une part et les greffes de tissus ou d'organes d'autre part. Acceptation de la greffe au cas de compatibilité. Rejet au cas d'incompatibilité. La greffe la plus simple est la greffe de peau. Jean Dausset et les travailleurs de son laboratoire se prennent eux-mêmes comme sujets d'expérience et se greffent mutuellement leurs peaux de bras en bras. Les premiers résultats de ces expériences sont encourageants et paraissent confirmer l'hypothèse initiale. Mais bientôt les bras des uns et des autres sont couturés de cicatrices. Il semble raisonnable d'arrêter. D'arrêter avant d'avoir apporté les preuves formelles demandées.

A ce moment se présentent les donneurs de sang dont on sait l'abnégation, le dévouement, le désintéressement. « Nous donnons notre sang ; nous voulons bien aussi donner notre peau. » Avant d'accepter cette offre généreuse, nous hésitons cependant. Les chercheurs du laboratoire connaissaient les conséquences de l'intervention, les risques éventuels (très modérés), les suites. Les donneurs de sang sont courageux mais ignorants. Jean Dausset va, en les réunissant le soir, leur apporter les informations nécessaires. Après quelques séances vespérales, ils sont parfaitement au courant. L'expérience se développe dans des conditions très favorables. L'hypothèse est pleinement confirmée. Cette confirmation va permettre l'essor, le succès des greffes de moelle osseuse, de reins. De nombreux malades condamnés vont ainsi être sauvés grâce à la découverte de Jean Dausset, grâce aux donneurs de sang et de peau, héros instruits.

Principes fondamentaux

Quelques principes fondamentaux gouvernent ce recours aux volontaires sains.

Nécessité. C'est d'abord la nécessité scientifique de l'étude. Ce qui n'est pas scientifique n'est pas éthique. Nous aurons bien souvent l'occasion de rappeler cette règle. Elle est ici particulièrement importante.

Nécessité doit être prise ici dans son sens le plus fort. Les essais sur volontaires sains sont inspirés par des sentiments très nobles, le désir de bien connaître toutes les propriétés du nouveau médicament, l'espoir de protéger efficacement les malades qui recevront plus tard ces médicaments. Ces nobles sentiments sont à l'origine d'une réglementation très rigoureuse, très étendue. Trop étendue? La question doit être posée. Une révision est indispensable. Elle permettra probablement de limiter le nombre des essais sur volontaires sains, de limiter ainsi la gravité des questions éthiques liées à ces essais.

Les chercheurs eux-mêmes premiers volontaires. L'expérience, comme dans l'aventure HLA, doit commencer par les chercheurs du laboratoire. De nombreux exemples existent de leur courage tranquille. Tel celui de l'étudiant allemand, Forssmann, qui introduisant le premier une sonde dans une veine de son bras et la portant jusqu'au cœur, démontre l'innocuité et l'utilité du cathétérisme cardiaque et permet l'essor de la chirurgie cardiaque.

Interdiction d'utiliser des malades non concernés. En aucun cas des malades ne doivent être utilisés pour des essais ne concernant pas leur propre maladie. Cette règle est absolue. Même si les intentions de leurs auteurs sont pures, il n'est pas possible d'accepter certaines propositions récentes tendant à tester l'action de médicaments anticancéreux sur des malades atteints d'une affection chronique non cancéreuse et vivant en hospice. L'interdiction est ici nécessaire et constante.

Interdiction d'utiliser de pseudo-volontaires. A cette catégorie des « volontaires » désignés ou non libres peuvent appartenir, comme dans l'histoire américaine rappelée ci-dessus, des étudiants en mal d'examen. Mais ce sont surtout les prisonniers qui sont concernés ici. Des marchés assez scandaleux ont été proposés; la participation à une expérience parfois périlleuse étant littéralement payée par une diminution de la durée de la peine de prison. Ce recours aux prisonniers doit être formellement interdit.

Les mineurs. Le recours aux mineurs est interdit par la loi, condamné par la jurisprudence. Toutefois des exceptions peuvent être envisagées. Les très importantes questions de bio-éthique posées par la médecine des enfants, des adolescents, seront discutées plus loin.

Conditions des études

De vrais volontaires. Ainsi de véritables volontaires doivent seuls faire l'objet de ces études. Leurs motifs peuvent être divers; intérêt pour la recherche scientifique, altruisme comparable à celui qui anime les équipes médicales allant au secours des malheureux du tiers-monde, générosité naturelle.

Des volontaires instruits. Ces volontaires doivent être très complètement informés. La nature de l'expérience, son importance pour la recherche scientifique doivent leur être expliquées. Les inconvénients des incidents éventuels, même s'ils sont rares, doivent être exactement décrits.

Des essais non dangereux. Il va de soi que tout essai comportant des risques graves est interdit. Seuls sont permis les essais ne faisant courir aucun risque ou capables au pis d'entraîner des désordres mineurs.

Assurance. Deux obligations doivent être assumées par l'organisateur des essais :

1) Il doit souscrire une assurance couvrant sa responsabilité civile.

2) Il doit vérifier l'affiliation de la personne saine à la Sécurité Sociale qui pourra prendre en charge d'éventuelles conséquences à long terme de l'essai subi. Dans l'hypothèse où le volontaire ne serait pas assuré social, l'organisateur de l'essai doit l'assurer à ses frais pour une période suffisante.

Gratuité. La gratuité est fondamentale. Le corps humain ne peut être vendu, ni loué, en totalité ou en partie. Le volontaire sain souhaite rendre service. Il ne doit en aucun cas faire commerce de son corps. Ces règles essentielles ont malheureusement été parfois tournées en ces dernières années. Des organismes officiels, comme le Centre National de la Recherche Scientifique ou l'Institut National de la Santé et de la Recherche Médicale, ont accepté la rétribution des volontaires sains, sous le nom hypocrite de vacations. Et ce de façon très substantielle, 1 500 ou 2 000 francs par jour. Dès lors l'attrait du gain devient le motif unique du soi-disant volontaire.

Cette pratique doit être formellement condamnée. Toutefois, si le principe de la gratuité exclut toute rémunération, il n'empêche pas une indemnisation tenant compte des diverses contraintes subies. Comme l'a indiqué le Conseil d'État dans son rapport : « Cette indemnité dont le montant sera fixé par les pouvoirs publics ne pourra être soumise à l'impôt. » Il ne s'agit que de la réparation des désagréments subis du fait de l'essai, non de la rémunération d'un travail sous forme de salaire ou d'honoraire. Le risque couru n'est pas pris en compte en tant que tel pour servir à évaluer le montant de l'indemnisation. Celle-ci est forfaitaire. Il serait enfin souhaitable de fixer un plafond annuel des indemnités perçues par la même personne. Il est nécessaire en effet d'éviter que des personnes qui acceptent de participer dans l'intérêt de la science à des expérimentations, tirent de cette activité un moyen de subsistance qui pourrait peser de façon appréciable sur leur liberté de décision. Une exception peut être apportée à la règle impérative de la gratuité. Le Comité Consultatif National Français d'Éthique a reconnu cette exception lorsque lui a été soumis le problème de la rémunération éventuelle de personnes impliquées dans des expériences en a-pesanteur. Ces personnes, non seulement se prêtent à l'essai, mais y collaborent activement durant une période relativement longue. « Dans cette hypothèse, le participant à l'essai doit plutôt être considéré juridiquement comme offrant ses services, comme collaborant occasionnellement au service public de la recherche. Une telle collaboration peut donner lieu à un contrat de travail et être comme telle, rémunérée. » (Voir page 49.)

Les essais comparés

Définition. Méthodes

Voici donc un nouveau médicament. De très longues, très patientes, très rigoureuses études expérimentales portant sur les animaux de laboratoire, les cultures de cellules, ont permis de définir ses propriétés, ses pouvoirs, ses modes d'action, son éventuelle toxicité.

Les essais concernant les volontaires sains ont permis de préciser la valeur, pour l'homme, des informations apportées par les essais expérimentaux. Avant tout du côté de la toxicité. Les diverses voies d'administration du médicament, les doses, la chronologie du traitement ont été étudiées.

Ce nouveau médicament est-il dans le traitement de diverses maladies, à tel ou tel stade de leur évolution, supérieur, égal, inférieur aux médicaments actuellement utilisés? On ne le sait pas. Certes les études antérieures permettent des orientations, des hypothèses. Mais hypothèses, orientations ne suffisent pas. La décision d'introduire un nouveau médicament ne peut être prise qu'après des explorations très rigoureuses. Ainsi sont nés les essais comparés.

Soit une maladie M et deux médicaments, l'un ancien éprouvé A, l'autre nouveau B. Les malades atteints de la maladie M sont, par tirage au sort, partagés en deux groupes égaux, le premier groupe reçoit le médicament A, le second groupe le médicament B.

L'étude est conduite en double aveugle, en double insu. Ni les malades traités ni les médecins traitants ne connaissent les résultats du tirage au sort.

Dans certains cas, le médicament nouveau est comparé à un placebo. Le recours au placebo n'est autorisé que dans deux conditions :

1) maladie tout à fait bénigne,

2) maladie pour laquelle n'existe, en l'état actuel, aucun traitement efficace.

L'indignation des moralistes

Cette méthode des essais comparés est moralement nécessaire et nécessairement immorale. Moralement nécessaire car l'introduction d'un nouveau médicament engage lourdement la responsabilité des thérapeutes. Nécessairement immorale. Le traitement d'un malade donné n'a plus pour seul objet l'amélioration de l'état de ce malade; il doit aussi apporter des informations dont bénéficieront les malades du futur. La relation entre malade et médecin est modifiée. On a pu parler de « dessaisissement du charisme ».

Cependant les médecins conscients de l'importance de ces essais comparés les ont généralement acceptés. Les infirmières ont souvent été plus réticentes.

Les moralistes sont indignés. L'homme malade est un être unique. Son traitement le concerne seul et ne doit pas dépendre d'autres considérations.

La justification de la méthode des essais comparés

Les moralistes ont raison en principe. Mais en pratique la méthode a peu d'inconvénients pour le malade, et de grands avantages pour l'ensemble des personnes atteintes de la même maladie. Y compris ce malade lui-même qui lors d'une rechute pourra être mieux traité grâce aux enseignements apportés par l'essai comparé.

L'histoire de deux vaccinations apporte ici d'utiles informations.

La vaccination contre la tuberculose par le BCG est découverte par Albert Calmette au soir de sa vie. Calmette souhaite très vivement connaître les effets de ce vaccin auquel il a consacré tant d'années de son existence. La vaccination par le BCG est lancée sans essais comparés. L'interprétation des résultats suscite objections, querelles, polémiques. Ce n'est qu'après un temps très long, plusieurs dizaines d'années, que la haute qualité de la vaccination est reconnue. Mais pendant cette longue attente, la tuberculose a été responsable de grands malheurs qu'on aurait pu éviter.

Les vaccins contre la poliomyélite sont découverts par les chercheurs américains Sabin et Salk. Aussitôt deux lots de 200 000 enfants sont formés. Le premier reçoit le vaccin, le second un placebo, une injection d'eau salée sous le nom de vaccin. C'était une lourde responsabilité. Avec le risque de poliomyélites graves, éventuellement mortelles, qu'on aurait pu prévenir, parmi les enfants non vaccinés. Mais après deux ans, la haute valeur du vaccin, son efficacité étaient démontrées de façon éclatante. Et la poliomyélite, comme naguère la diphtérie, va probablement disparaître.

Vers d'autres méthodes

Ces succès justifient, en l'état actuel, la méthode des essais comparés. Ils ne doivent pas faire oublier les objections des moralistes. D'autres méthodes doivent être envisagées. Non pas la comparaison « historique ». Les effets du nouveau médicament sont comparés aux effets connus des médicaments antérieurs. De graves erreurs sont possibles, liées à l'évolution changeante des maladies. La scarlatine, lorsqu'elle est décrite à Londres par Sydenham, est très bénigne, « à peine une maladie » écrit-il. Un siècle plus tard elle a, en Angleterre, une très haute gravité, est très souvent mortelle. Mais peut-être du côté des modèles, de l'application du nouveau traitement à telle sous-variété extrêmement limitée de la maladie. Les études nécessaires sont en cours. Les progrès de l'informatique donnent quelque espoir.

Le consentement libre et éclairé

Voici un jeune homme, vingt-cinq ans, atteint de diabète. Il connaît en détail sa maladie, et le sucre des urines, et le sucre du sang, et l'acétone et la réserve alcaline. Il est tout à fait capable de comprendre les avantages, les inconvénients éventuels d'un nouveau traitement. Il peut donner un consentement libre et éclairé. Ainsi furent organisés, avec la complète information des malades et leur accord, les essais récents du traitement du diabète par la cyclosporine.

Mais voici un autre garçon, vingt-cinq ans aussi, victime d'une de ces très graves leucémies que nous ne savons pas guérir. L'information avant l'essai d'un médicament nouveau serait à peu près celle-ci : « Votre leucémie aiguë va entraîner votre mort dans quatre mois. Le nouveau traitement peut (sans qu'on en soit sûr) vous donner deux ou trois mois de plus. Acceptez-vous d'entrer dans l'essai? » Quel médecin (tout au moins en Europe occidentale) aura la cruauté de tenir de tels propos?

Une telle proposition peut, en accablant le malheureux malade, accélérer le cours de la maladie. Et quelle est l'aptitude d'un jeune homme si gravement atteint à donner une réponse objective?

Face au consentement libre et éclairé, les positions

des moralistes, des juristes d'une part, les positions des médecins d'autre part ont longtemps été différentes. Les premiers tenaient pour obligatoire dans tous les cas le consentement libre et éclairé. Les seconds étaient plus réservés. Des compromis raisonnables ont pu être acceptés.

Le consentement libre et éclairé doit être obtenu toutes les fois qu'il est possible, qu'il ne comporte pas d'inconvénient pour le malade. En pareil cas, le médecin, qui ne le demanderait pas, commettrait une faute grave. Il se substituerait au malade qui est en face de lui, déciderait à sa place.

Lorsque l'état du malade ne permet pas d'obtenir ce consentement éclairé, un comité d'éthique doit être consulté. Le médecin traitant se conformera à l'avis du comité d'éthique.

Cette méthodologie est actuellement appliquée en France avec de bons résultats.

Au surplus les progrès de la médecine limitent d'année en année le nombre des cas ne relevant pas du consentement éclairé. Ainsi la maladie de Hodgkin, sorte de cancer des ganglions, tuait jusqu'en 1960 toutes les personnes atteintes. Il était bien difficile d'obtenir un consentement libre et éclairé. La guérison est aujourd'hui obtenue dans plus de 80 % des cas. Toutes les informations nécessaires sont données au malade au début du traitement. Son consentement est vraiment libre et éclairé.

Une interdiction formelle

Une interdiction demeure formelle et doit être rappelée. Les essais ne doivent concerner que la maladie frappant le malade exploré. En aucun cas un malade ne doit être utilisé pour des essais portant sur d'autres maladies. En particulier les personnes hospitalisées pendant de longues années, souffrant d'une affection chronique, ne peuvent être soumises qu'à des essais relatifs à leur propre maladie.

Les essais sans finalité thérapeutique Exemple : les expériences en a-pesanteur

Les expériences en a-pesanteur

La physiologie des hommes vivant en a-pesanteur n'est pas encore parfaitement connue. Certes l'expérimentation animale a apporté des informations fort utiles. Pas tout à fait suffisantes cependant. Le recours à l'homme est indispensable. La grande aventure spatiale, qui commence avec le premier Spoutnik, avec les premiers pas d'Armstrong sur la lune, dépend pour une large part de notre connaissance de la physiologie en a-pesanteur.

D'où la nécessité de l'expérimentation sur l'homme. Avec deux conséquences :

1) Les hommes, les femmes, objets de l'expérimentation, doivent être non seulement de vrais volontaires, mais des volontaires concernés, des volontaires qui prennent un intérêt particulier, personnel au développement de ces recherches. Tels les futurs cosmonautes, les apprentis cosmonautes. Tels encore les étudiants préparant une thèse, un mémoire sur tel élément de la physiologie de la pesanteur.

2) Ces femmes, ces hommes agissent, se meuvent, travaillent pendant les expériences. Leur situation est tout à fait différente de celle des volontaires sains des essais de médicaments. Leur labeur doit être rémunéré. Il doit faire l'objet d'un contrat de travail fixant

le salaire, la durée de l'activité professionnelle, et apportant la garantie de la Sécurité Sociale.

Remarques concernant les essais sans finalité thérapeutique

L'adjectif « cognitif » plaît aux philosophes, aux moralistes contemporains. La fonction cognitive tend, dans le jargon actuel, à se substituer à la vieille et noble connaissance. Restons fidèles à la connaissance.

De nombreux essais ont pour objet, non le traitement des maladies, mais l'amélioration de notre connaissance de la physiologie, de la physio-pathologie de l'homme.

Ils sont très divers. Au minimum le prélèvement supplémentaire de quelques gouttes de sang pour des recherches biologiques non justifiées par l'état de la personne prélevée. Au maximum des expériences éprouvantes comme ces études en a-pesanteur évoquées ci-dessus.

Entre ces deux extrêmes, des actions variées, la biopsie d'un petit fragment de foie au cours d'une intervention abdominale, biopsie utile pour la connaissance, non utile pour le malade opéré ; l'introduction dans une veine du bras d'une sonde portée jusqu'au cœur comme dans l'expérience héroïque de l'étudiant allemand Forssmann ; les expériences de Jean Dausset et les donneurs de sang, héros instruits.

Des règles très précises, très rigoureuses gouvernent ces essais sans finalité thérapeutique.

1) Ils doivent être peu nombreux, limités aux cas où un progrès important de la connaissance, bienfaisant pour les hommes, peut être espéré, aux cas où aucune autre méthode ne peut permettre ce progrès.

2) Leur valeur scientifique doit être formellement établie.

3) Ainsi deux préalables sont indispensables, l'avis favorable d'un comité scientifique, l'avis favorable d'un comité d'éthique.

4) Les risques de l'essai doivent être petits. S'ils sont incertains, seul peut être accepté l'essai sur le chercheur lui-même.

5) Aucune rémunération ne peut être envisagée. Seules sont acceptables des indemnités précises compensant le déplacement et le temps perdu.

QUESTIONS ÉTHIQUES POSÉES PAR LES TRANSPLANTATIONS D'ORGANES

Introduction

L'importance des questions éthiques posées par les transplantations d'organes avait d'emblée été notée par les pionniers des méthodes nouvelles.

Tels, pour le rein, Jean Hamburger, Jean Crosnier, Jean Dormont consacrant, dès 1965, un mémoire aux problèmes moraux posés par les méthodes de suppléance et de transplantations d'organes. Tel, pour la peau et la moelle osseuse, Jean Dausset analysant les conditions de l'expérimentation sur l'homme et proposant des solutions.

Il existe en fait une histoire et une géographie des transplantations et, tout au long des vingt dernières années, on peut distinguer deux grands courants : un courant de diversité, diversité des organes (pair ou impair, mort ou vivant, apte ou non à régénérer), diversité des mœurs (de l'agitation d'Afrique du Sud à la discrétion californienne, de la rigueur française au commerce brésilien), diversité des législations (tantôt anachroniques et tantôt avancées);

– un courant d'unité, inspiré par les progrès des connaissances, par les rapprochements, les échanges entre les équipes concernées.

Il convient de souligner la valeur du modèle de l'éthique de la transplantation pour la bio-éthique tout entière. Elle permet d'aborder, de discuter les problèmes essentiels de la morale biologique et médicale, tels l'expérimentation sur l'homme, l'acharnement thérapeutique, la définition de la personne, le lucre et le désintéressement.

Nous examinerons tour à tour les problèmes moraux posés du côté des donneurs, les problèmes moraux posés du côté des receveurs. Le donneur peut être mort ou vivant. Le donneur mort peut être un adulte ou un fœtus.

Donneurs morts adultes

Le principe même du prélèvement a été contesté. Est-il licite de violer la mort, de découper un cadavre? Une interdiction venait du fond des âges, des sociétés primitives. Vercors a évoqué ce culte des morts dans son beau roman « Les Animaux Dénaturés ». Le pape Pie XI, le premier, a levé l'interdiction en autorisant le prélèvement de cornée. Un assez large accord est ensuite apparu. Avec des variations géographiques. Tel père indien accablé par la misère vend par avance son propre squelette pour doter sa fille, nous rappelle Dominique Lapierre.

Une fois admis, le prélèvement d'organes à un mort suppose satisfaites deux conditions : 1) la certitude de la mort, 2) le consentement.

Un des événements les plus remarquables de notre temps a été la nécessité pour les sociétés humaines de définir la mort. Cette définition pouvait être approximative lors des transfusions de sang de cadavre, premier emploi thérapeutique d'un tissu humain prélevé après la mort (Judine, U.R.S.S., 1935). Elle devint nécessairement rigoureuse avec l'urgence des prélèvements d'organes, tel le rein. L'émouvante observation rapportée par Jean Hamburger avait montré qu'une jeune fille, dont le cœur battait, dont les poumons respiraient, pouvait être morte. La législation de nombreux pays définit la mort par la constatation de divers symptômes témoins de la mort du cerveau et par l'aspect plat de deux électro-encéphalogrammes successifs, et requiert l'accord de plusieurs médecins.

L'évolution des progrès de la biologie peut, dans l'avenir, modifier la situation actuelle. Tel serait le cas si étaient étendues aux mammifères et à l'homme les expériences d'Étienne Wolff sur les crustacés inférieurs, montrant la possibilité de différenciation en cellules nerveuses de cellules indifférenciées. Peut-être les sociétés humaines seront-elles conduites tous les 50 ans, tous les 100 ans, à proposer de nouvelles définitions de la mort.

Le consentement peut avoir été donné antérieurement, soit longtemps auparavant, soit peu de temps avant la mort (futur opéré, condamné à mort). Il peut être donné par la famille de la personne qui vient de mourir. L'autorisation de prélever un organe, en l'absence de consentement ou d'accord, peut être la conséquence de dispositions législatives. Telle est en France la loi Caillavet, loi du 22 décembre 1976, complétée par le décret d'application du 31 mars 1978, loi que les Américains ont qualifiée de courageuse.

Mais une loi, quelle qu'elle soit, ne règle pas tous

les problèmes moraux qui se posent aux médecins. Au surplus, de grandes différences existent entre les pays et parfois même, comme aux États-Unis, entre les divers États d'un même pays.

Des relations tantôt brutales, affichées, tantôt hypocrites, dissimulées, existent entre la richesse du receveur et la rapidité de disponibilité d'un organe souhaité. Fort instructive est la lecture des résolutions des diverses sociétés américaines, telle la Société de Transplantation, expliquant les diverses méthodes de commercialisation, les condamnant.

Donneurs morts fœtus

Divers organes ou tissus prélevés à un fœtus mort peuvent rendre de grands services en thérapeutique. Leur emploi a soulevé de furieuses controverses entre les médecins, d'une part, désirant sauver les malades qui se sont confiés à eux et, d'autre part, les représentants de familles spirituelles et morales craignant que la méthode conduise avec bonne conscience, à une augmentation des interruptions volontaires de grossesse. Des poursuites avaient même été engagées contre certains médecins. Saisi de ces questions, le Comité Consultatif National d'Éthique, après avoir rappelé que le fœtus devait être considéré comme une personne humaine potentielle, a distingué trois cas : 1) autorisation lorsque la greffe de foie fœtal hématopoïétique permet de sauver la vie d'un enfant atteint d'une grave insuffisance de la moelle osseuse, d'un déficit immunitaire constitutionnel et que n'existe pas de donneur fraternel HLA compatible, 2) refus lorsqu'il s'agit, à partir de tissus fœtaux, de la préparation de divers produits de beauté, cosmétiques, etc.

3) renvoi à un Comité d'Éthique au cas de problèmes nouveaux (pancréas fœtal et diabète par exemple).

Tout récemment les indications de la greffe de foie fœtal ont été réduites au profit de la greffe de moelle. Une évolution scientifique a limité l'importance du problème moral.

Donneurs vivants

Les organes prélevés à un donneur vivant sont, en l'état actuel, le rein, la moelle osseuse, le foie. Encore le recours au rein de cadavre est-il aujourd'hui beaucoup plus fréquent que le recours au rein de donneur vivant. Le prélèvement de rein d'un donneur vivant est une amputation. Le donneur est généralement un adulte. Le prélèvement de moelle osseuse concerne un tissu qui se régénère. Le donneur est assez souvent un enfant.

Le foie est aussi un organe capable de se régénérer. La transplantation à un enfant, d'une partie de foie, prélevée à l'un de ses parents, récemment tentée, a donné de bons résultats.

Adultes. Deux grandes questions sont posées : Peut-on accepter le sacrifice? Peut-on accepter le refus?

Les conditions mêmes du sacrifice ont été précisées. Le donneur, qui le plus souvent (le plus souvent mais pas toujours) appartient à la proche famille du malade, doit avoir été informé des risques courus. Il ne doit pas faire l'objet de pressions. Une étude psychologique est souhaitable. Il ne doit en aucun cas être rémunéré. Les ventes de rein, après éventuellement annonce dans les journaux et marchandage, n'appartiennent pas à notre civilisation morale.

Les sacrifices généreusement acceptés sont fréquents. Les refus rares et très divers. Refus du repris de justice en fuite qui laisse mourir son frère que sa moelle aurait pu sauver.

Refus de la mère qui avait accepté de donner sa moelle pour son propre enfant et refuse de la donner à un autre enfant qui va mourir faute de cette moelle.

Refus de cet homme inscrit sur la liste des donneurs volontaires de moelle et qui, au dernier moment, sous l'influence de son épouse, se récuse, avec comme conséquence la mort d'un homme que sa moelle aurait pu sauver.

Et différente, mais bien singulière, la fuite de cet homme qui, avec une admirable sollicitude, veillait jour et nuit son enfant leucémique et disparaît sur l'heure quand l'étude des groupes HLA lui apprend qu'il n'est pas le père de l'enfant.

Refus, fuites qui laissent le plus souvent le médecin impuissant.

L'état du donneur volontaire pendant les années qui suivent le don a été étudié. Deux sentiments se mêlent, le bonheur discret que lui donne l'évocation de son courage, le souci d'une santé altérée. Et beaucoup plus tard l'oubli.

Enfants. Les maladies que la greffe de moelle osseuse peut guérir frappent souvent des enfants. Le donneur HLA compatible est en l'état actuel un frère, une sœur du malade, donc lui aussi, elle aussi un enfant.

Est-il permis, sans qu'il puisse vraiment donner son accord, de soumettre cet enfant au risque, petit mais non nul, de l'anesthésie générale? Oui en droit si les parents, qui en ont le pouvoir, donnent leur accord. Moins sûrement du côté de la morale. Les spécialistes français de greffes de moelle, après les hésitations initiales, se sont contentés de l'autorisation des parents. Dans divers États des États-Unis un « child advocate » indépendant, juriste ou philosophe, est nommé qui étudie les diverses données et accorde ou non l'autorisation sollicitée. Cette fonction d'avocat du donneur, conçue d'abord pour l'enfant, a pu être étendue aux donneurs adultes. La personnalité choisie comme avocat doit, qu'il s'agisse d'enfants ou d'adultes, être indépendante de l'équipe médicale concernée.

Receveurs

D'autres problèmes éthiques sont posés par le receveur. Et d'abord son consentement. Une forte information est ici nécessaire, le médecin doit expliquer au malade les conditions de la greffe, les complications, les diverses évolutions possibles. Évolution qu'il convient de comparer à l'évolution, au pronostic, fonctions des autres traitements. Tels malades, en connaissance de cause, refusent la greffe et c'est leur droit le plus assuré.

Cette information n'a pas toujours été donnée. Il semble bien qu'elle n'avait pas été donnée au premier malade de Barnard, au cas princeps de transplantation cardiaque. L'essai singulier de greffe à un nouveau-né d'un cœur de babouin semble bien avoir été tentée sans que les parents aient connu les aléas prévisibles, le caractère non scientifique (en l'état actuel) de l'entreprise.

Dans la très grande majorité des cas toutefois, les espoirs suscités par la greffe l'emportent sur toute autre considération. Ainsi cette réflexion d'un transplanté : « Les problèmes moraux existent seulement pour ceux qui n'ont pas eu de transplantation d'organes. »

L'âme des chimères

Mon cœur fait couler dans mes veines le sang de mon frère

La chimère des mythologies antiques a le corps d'un lion, la tête d'une licorne, la queue d'un serpent. La chimère est un modèle de diversité.

Les chimères spontanées sont rares. Nous ne rencontrons guère de centaures dans nos prés, de sirènes dans nos océans. Les seules chimères spontanées connues sont celles que constituent deux jumeaux différents ayant échangé pendant la vie intra-utérine les cellules qui forment les globules de leur sang.

Si les chimères spontanées sont exceptionnelles, les chimères fabriquées ne sont pas rares. La médecine moderne, pour triompher des maladies mortelles, construit des chimères.

« Mon cœur fait donc couler dans mes veines le sang de mon frère », me disait l'an dernier une jeune fille qui venait de subir une greffe de moelle osseuse. Cette jeune fille, Marie, souffrait d'une très grave maladie de la moelle osseuse, d'une insuffisance généralement mortelle de la moelle osseuse. Fort heureusement, Marie et son frère Jacques appartiennent au même groupe tissulaire HLA. Une greffe de moelle osseuse est décidée. La moelle osseuse de Jacques est prélevée et greffée à Marie. La greffe prend. Quelques mois plus tard, la moelle de Jacques vit, se renouvelle, accomplit ses fonctions à l'intérieur des os de Marie. La fonction majeure de la moelle osseuse est la formation des globules du sang. Le sang qui court dans les artères, dans les veines de Marie est bien le sang de Jacques. A chacun de ses battements, le cœur de Marie envoie dans les vaisseaux de Marie le sang de Jacques. Marie est devenue une chimère. Elle n'a certes pas un corps de lion et une tête de licorne. Mais voisinent dans son corps ses propres organes, son propre cœur d'une part et, d'autre part, la moelle, le sang de son frère.

Mais quelle est l'âme de cette chimère?

Pierre est amoureux de Jeanne

Pierre aime Jeanne. Jeanne, après un accident, perd un bras. Un bras étranger est greffé à la place du bras amputé. Pierre est encore amoureux de Jeanne. Mais Jeanne, un peu plus tard, souffre d'une grave maladie rénale. Une transplantation rénale est tentée et réussie. Pierre reste amoureux de Jeanne. Nouvel accident. Brûlures étendues. De larges greffes de peau sont nécessaires. Plus tard encore, de sérieuses altérations du cœur de Jeanne sont constatées. Une greffe de cœur est envisagée.

Pierre est-il toujours amoureux de Jeanne? Cette pauvre Jeanne, avec un bras étranger, un rein étranger, une peau étrangère, un cœur étranger est-elle encore la Jeanne qu'il a aimée? Combien d'organes, combien de tissus Jeanne peut-elle échanger tout en demeurant aimée? Combien de kilogrammes, combien de mètres carrés peut-elle remplacer et cependant rester la même?

L'objet de l'amour de Pierre, la personne de Jeanne ne sont pas mesurés par des kilogrammes, par des mètres carrés, ni même par le nombre d'organes conservés ou transplantés.

En théorie, deux méthodes seules pourraient permettre de changer la personne.

C'est d'abord le génie génétique transformant le patrimoine génétique d'un individu.

C'est ensuite la greffe de cerveau. On peut rappeler la protestation d'un grand neurologue. Il assistait dans un laboratoire de physiologie à des expériences de greffe de cerveau chez l'animal. « Arrêtez, dit-il, si vous réussissez et si vous passez à l'homme, vous aurez, au mieux, greffé un homme à un cerveau. »

L'homme vivant étant, on l'a vu, défini par son cerveau, la protestation de l'éminent neurologue est justifiée. Justifiée? Tout n'est pas si simple. Elle était, il y a deux ans, pleinement justifiée. Mais voici que depuis quelques années dans le traitement de certaines maladies nerveuses la greffe de quelques centaines de cellules nerveuses venant d'une personne saine est envisagée.

De quelques centaines, on passera à quelques milliers. D'un territoire minime à un territoire plus étendu. Les limites de cette extension éventuelle ne peuvent être fixées actuellement.

Peut-être les amours des Pierre et Jeanne de l'avenir affronteront-elles, sous une forme renouvelée et singulièrement plus subtile, les questions posées aux Pierre et Jeanne de notre apologue?

Morale et économie

D'autres questions d'un niveau spirituel moins élevé, mais fort importantes, sont posées par les relations – en matière de transplantation – de la morale et de l'économie.

Les organes, les tissus doivent être, selon la morale

et le droit français, donnés et non vendus. Mais, nous l'avons noté, le squelette peut être en Inde objet de commerce avant la mort comme, pendant la vie, le rein en Amérique du Sud.

Les dépenses liées à la technique de la transplantation, aux frais d'hospitalisation, aux rémunérations des médecins sont souvent fort élevées. Elles sont dans de nombreux pays, telle la France, intégralement assumées par la Sécurité sociale. Elles doivent être, dans divers Centres des États-Unis, payées avant la greffe par le malade et sa famille. D'où une sélection par l'argent peu acceptable pour le moraliste.

Les questions économiques peuvent concerner une société tout entière.

Dans certains cas, la greffe d'organes représente une économie. Il en est ainsi pour le rein. La dialyse rénale pèse lourdement sur le budget des sociétés modernes, 1 % des dépenses de santé en France. Les greffes de reins, limitant le nombre des dialyses, sont financièrement avantageuses.

Tout autre est la situation de la greffe de moelle osseuse.

Comme nous l'avons déjà rappelé, la fréquence, la gravité de la thalassémie majeure entraînent dans les grandes îles de la Méditerranée, en Sardaigne, à Chypre, de telles conséquences pour l'économie de la santé, empêchant de soigner correctement les autres maladies des enfants, que le diagnostic prénatal suivi le cas échéant d'interruption précoce de la grossesse, a été fortement recommandé par les autorités médicales et médico-administratives de ces deux îles.

La greffe de moelle osseuse faite à la naissance ou un peu après la naissance semble capable de guérir assez souvent les thalassémies majeures, mais son coût,

4 à 500 000 francs environ, ne peut être supporté par les budgets de santé des îles méditerranéennes.

Un éminent philosophe, en un brillant essai, évoquait naguère les dangers de l'ordre cannibale. Mais les thérapeutiques de substitution, les transplantations d'organes, de tissus ne représentent qu'une étape dans la longue histoire de la médecine. Leur importance, leur fréquence vont peu à peu diminuer avec les progrès prévisibles des thérapeutiques étiologiques qui agissent sur les causes, des thérapeutiques physiopathologiques qui corrigent les désordres. Et avec cette diminution s'atténueront la fréquence, la gravité des problèmes éthiques que nous affrontons actuellement. L'ordre cannibale est un ordre temporaire.

L'utilisation des cellules humaines et de leurs dérivés

Classement des éléments et produits du corps humain éventuellement utilisés

Les transplantations d'organes ont valeur exemplaire; mais l'utilisation des éléments du corps humain va bien au-delà des organes transplantés.

Le classement suivant peut être proposé :

1) Corps entier (comme dans les essais médicamenteux sur volontaires sains).
2) Organes entiers (avec la grande diversité des situations).
3) Sang (avec les dispositions légales anciennes organisant le don du sang).
4) Yeux (avec les dispositions également anciennes concernant le prélèvement de cornée sur les cadavres).

5) Éléments intervenant dans la procréation (sperme, ovules).
6) Cellules des tissus humains et leurs dérivés.
7) Produits naturellement éliminés (ongles, cheveux, placenta, lait, urine).

Histoire de James

James, souffrant de troubles sanguins graves qui ont conduit au diagnostic de leucémie à tricholeucocytes, est traité par l'ablation chirurgicale de la rate. Les cellules de la rate enlevée sont mises en culture. Elles produisent deux substances utiles en thérapeutique 1) l'interféron, 2) un facteur de croissance.

Le laboratoire universitaire qui avait obtenu la première culture la transmet, comme cela est habituel, à d'autres laboratoires de recherches qui en poursuivent et en développent l'étude. Mais lors de ces échanges, les tubes de culture des cellules de James, quittant la filière universitaire, viennent en possession d'une firme privée de bio-technologie qui s'apprête à commercialiser, pour les vendre en pharmacie, les produits des cellules, l'interféron, le facteur de croissance.

Les chercheurs universitaires responsables de la mise en culture initiale demandent alors à participer aux bénéfices. Ce débat fait quelque bruit. James (dont la santé entre-temps s'est améliorée) est informé. Ce sont ses propres cellules qui produisent les substances bientôt vendues en pharmacie. Il assigne la firme biotechnologique devant les tribunaux et demande sa part des bénéfices.

Deux réponses différentes ont été données aux États-Unis d'une part, en France d'autre part.

Aux États-Unis, le tribunal saisi a accordé à James le partage des bénéfices dus à la vente des substances produites par les cellules de James. La décision fait actuellement l'objet d'un appel devant la Cour suprême.

En France, le Comité Consultatif National d'Éthique, s'étant saisi avant que soit connue la décision du tribunal américain, a rappelé le principe fondamental de la bio-éthique dans notre pays. Le corps humain, les organes, les cellules qui forment ces organes ne peuvent être vendus.

En fait, et en ne considérant que les aspects moraux, trois questions sont posées :

1) Les cellules prélevées à un malade ne peuvent être objet de commerce. Le sang n'est pas vendu, le rein n'est pas vendu, la rate n'est pas vendue non plus. La distinction proposée par certains observateurs entre l'organe total et les cellules qui le composent n'est pas très raisonnable. Peut-on concevoir qu'il soit interdit de vendre le sang total et permis de vendre les globules du sang?

2) Le travail technique doit être normalement rétribué. Entre le moment où la rate est prélevée chirurgicalement et le moment où l'interféron, le facteur de croissance sont prêts à être utilisés en thérapeutique, de très nombreuses, très minutieuses opérations techniques ont eu lieu. Elles demandent l'intervention d'un personnel hautement spécialisé, le recours à des appareils rigoureux et coûteux.

3) Le troisième temps est la vente au public en pharmacie de l'interféron et du facteur de croissance.

Deux solutions peuvent être envisagées :

La commercialisation avec profit pour la firme productrice est tenue pour normale dans plusieurs pays.

La vente sans bénéfice à un prix fixé en fonction des opérations techniques paraît moralement préférable. Des précédents existent. Ainsi les Centres de

Transfusion, organismes publics ou privés sans but lucratif, préparent à partir du sang des donneurs, des sérums-tests utilisés pour diverses épreuves de diagnostic. Le donneur bien entendu n'est pas rétribué. Le Centre de Transfusion ne fait aucun bénéfice. Le prix du sérum-test est fixé en fonction des dépenses liées à leur préparation.

ÉTHIQUE ET URGENCE

Questions éthiques posées par les urgences médicales

Fausses urgences et vraies urgences

Un chercheur néo-zélandais vient de proposer une nouvelle méthode de génie génétique. Quelle est l'opinion du comité d'éthique?

Deux ou trois fois par an, les responsables des comités d'éthique sont éveillés vers deux heures de la nuit par un journaliste lointain, méconnaissant inconsciemment ou sciemment les fuseaux horaires, et posant cette question ou des questions comparables.

Il peut y avoir, pour le journaliste, urgence d'information mais, pour le médecin, le moraliste, il s'agit assurément d'une fausse urgence. Les relations de l'éthique avec les urgences médicales, avec les vraies urgences sont différentes. Et diverses, selon qu'il s'agit, 1) de réanimation médicale; 2) d'une décision thérapeutique urgente en dehors de la réanimation; 3) de la réponse urgente qu'il convient de donner à une intervention extérieure, telle celle de la famille.

Alors que la recherche biologique pose souvent des

questions d'éthique pure, il s'agit souvent, en matière d'urgence, tout à la fois d'éthique et de déontologie.

La réanimation médicale

Réanimation médicale et consentement éclairé

La relation entre situation d'urgence d'un côté, consentement éclairé du malade d'un autre côté, pose aux réanimateurs des questions éthiques de solution souvent malaisée.

Le substantif « consentement » ne prête guère à confusion. L'adjectif « éclairé » mérite quelques commentaires. Les dictionnaires proposent trois définitions : 1) Qui reçoit la lumière; 2) Qui a beaucoup de clarté, de lumière sur les choses (un homme éclairé, un juge éclairé); 3) Qui est capable d'apprécier, de critiquer ce qu'on lui présente.

Les médecins qui affrontent constamment les problèmes posés par les urgences, médecins généralistes, spécialistes des services de réanimation, savent bien la diversité des conditions rencontrées.

Premier cas : le malade (ou le blessé) est dans le coma, ou dans un état proche du coma. Il n'est pas apte à recevoir l'information utile, encore moins apte à donner son opinion.

Deuxième cas : le malade, le blessé, en dépit de la gravité de son état, est resté lucide. Clairement et complètement informé, il donne son accord, son consentement au traitement proposé par le médecin qui l'a pris en charge.

Troisième cas : le malade, le blessé, gravement atteint, pleinement lucide, parfaitement informé, refuse son consentement, n'accepte pas le programme thérapeutique qui lui est proposé.

Les deux premiers cas sont simples. Dans le premier cas, le médecin fait pour le mieux; dans le deuxième cas, il agit en accord avec son malade qu'il tient régulièrement informé. C'est dans le troisième cas que la conduite du médecin n'est pas aisée.

La discussion porte souvent sur le lieu du traitement. Le malade ne comprend pas pourquoi on veut le transporter dans un autre établissement hospitalier et refuse ce transport. Le médecin sait l'importance de la qualité des soins d'urgence, qualité fonction, elle-même, des équipements des établissements, de la compétence du corps médical. Il faudra souvent expliquer au malade, au blessé, pourquoi, en fonction de la maladie ou des lésions, on l'adresse à tel ou tel endroit.

On ne saurait édicter ici de règle générale. Tantôt le médecin alliant autorité, clarté, sympathie, obtient le consentement. Tantôt il ne l'obtient pas et doit, à regret, accepter le choix du malade.

Réanimation néo-natale

Très différents, très particuliers sont les problèmes posés par la réanimation néo-natale. Il s'agit là d'une relation, non pas bilatérale mais triangulaire entre l'enfant, les parents, l'équipe soignante. On trouvera page 167, l'examen des principales questions posées.

Les décisions urgentes (en dehors de la réanimation médicale)

Qu'il s'agisse d'une appendicite, d'une méningite, de tout autre état aigu, la décision urgente, le choix de la thérapeutique sont missions essentielles pour le médecin. La valeur de la décision dépend, pour une bonne part, de la science de ce médecin. Le devoir de connaissance est fondamental. Tous les apitoiements sont dérisoires si cet enfant est mort parce que ce médecin ignorait un progrès récent des méthodes de diagnostic.

Beaucoup plus malaisées, souvent poignantes, sont les décisions conduisant en situation d'urgence à la première application d'un traitement nouveau. « A la vue des quatorze blessures du petit Meister, qui marchait difficilement tant il souffrait, l'émotion de Pasteur fut profonde. Qu'allait-il faire pour cet enfant? Pouvait-il risquer le traitement préventif qui avait réussi constamment sur les chiens? Pasteur était partagé entre ses espérances et ses scrupules qui touchaient à l'angoisse. »

La sobre description de René Vallery-Radot est entrée dans la légende. Elle a une valeur exemplaire. Pasteur consulte deux maîtres de la médecine, Vulpian et Grancher, et fortifié par leur approbation, inocule à Joseph Meister le vaccin contre la rage. Avec le succès que l'on sait.

L'essai d'une nouvelle thérapeutique est habituellement longuement préparé, conduit avec les étapes successives déjà évoquées. Mais, dans certains cas, le médecin, le chercheur peuvent se trouver dans une situation proche de celle qu'affronta Pasteur. Trois règles, trois impératifs doivent alors être respectés :

1) Les données expérimentales doivent être fortes. L'efficacité de la nouvelle méthode doit toutes les fois que cela est possible avoir été prouvée sur l'animal.

2) La maladie concernée est assurément fatale. Aucun espoir de guérison, ni même d'amélioration ne peut être envisagé.

3) La thérapeutique prévue semble, en l'état des

connaissances, devoir être bien tolérée, ne pas provoquer de souffrances nouvelles.

Quand ces règles sont respectées, l'essai de la nouvelle thérapeutique est moralement licite. Telles furent les premières tentatives de traitement des leucémies de l'enfant par l'exsanguino-transfusion en 1947, par les antifoliques en 1948.

L'interruption des soins

Peut-on, à la demande de la famille, interrompre les soins prodigués à un malade en état végétatif chronique? La question a maintes fois été posée depuis que les traitements symptomatiques permettent de longues survies. Il n'est pas de réponse univoque. Les éléments de réflexion, et partant de décision, sont les suivants :

1) Peut-on ou non concevoir encore des espoirs d'amélioration? S'il existe une chance, même petite, d'amélioration, l'interruption des soins ne peut être envisagée.

2) L'état du malade est-il paisible ou non? De violentes douleurs empêchant tout repos doivent être sérieusement prises en considération.

3) Les demandes de la famille sont-elles inspirées par des sentiments affectifs respectables (désir d'abréger les souffrances d'un être cher) ou sont-elles plus ou moins en rapport avec les mobiles des personnages de la comédie bourgeoise (testaments, etc.)?

4) Le malade a-t-il clairement, lorsqu'il était pleinement lucide, prévu cette situation et exprimé sa volonté?

Les solutions

Les conseils

Confronté aux drames, aux espoirs, aux périls de l'urgence, le médecin peut et doit s'entourer de conseils. Les membres d'une équipe de réanimation, fraternellement unis par le combat commun, peuvent et doivent, en présence d'une difficulté nouvelle, échanger leurs opinions, tenter d'apporter les clartés utiles.

Des conseils peuvent éventuellement être demandés aux représentants du comité d'éthique local ou régional. Certes la réflexion éthique demande du temps et se prête très difficilement aux procédures d'urgence. Mais tel membre d'un comité d'éthique consulté peut utilement rappeler la conduite recommandée dans un cas comparable étudié l'année précédente.

Dans divers centres américains est apparu un personnage nouveau, l'éthicien ou éthicienne de garde. Cet éthicien est en général un philosophe, intéressé par la philosophie pratique, l'éthique d'Aristote. Il a parfois, aux États-Unis même, été considéré comme un « faiseur d'embrouilles ». En fait, il n'est pas un directeur moral mais un consultant qui aide les principales personnes concernées à comprendre leur propre raisonnement.

La décision – Les principes

Les conseillers, médecins ou éthiciens, sont utiles. Mais la décision appartient au médecin responsable. Cette décision est fondée sur deux ordres de données, les éléments cliniques, humains propres au cas qu'il faut régler d'urgence d'une part, et, d'autre part, les principes qui gouvernent la bio-éthique. Avant tout, ici, le respect de la personne.

Tout acte thérapeutique, toute décision ont pour seul objet d'apporter un secours efficace au malade en danger. En aucun cas, ce malade, particulièrement le malade en état végétatif chronique, ne doit être considéré comme un sujet d'expérience. Sont formellement interdits les essais qui ne sont pas inspirés par l'espoir d'améliorer l'état de ce malade. Les textes légaux attendus devraient apporter les indications utiles.

ÉTHIQUE ET ÉPIDÉMIOLOGIE

Introduction

Il est deux définitions de l'épidémiologie. L'une ancienne, traditionnelle. L'épidémiologie est l'étude des épidémies. L'autre plus récente. L'épidémiologie est aussi « l'étude des relations existant entre les maladies et divers facteurs, modes de vie, milieu ambiant ou social, particularités individuelles susceptibles d'exercer une influence sur leur fréquence, leur distribution, leur évolution » (Robert).

Déjà Hippocrate recommandait, pour comprendre l'origine des maladies, d'étudier d'abord l'environnement climatique, géographique et physique, puis d'examiner attentivement le comportement des individus, leur façon de boire, de manger.

La bio-éthique doit souvent confronter et, si possible, concilier deux devoirs, la protection de la collectivité, la protection, le respect de chaque personne. L'épidémiologie va poser à la bio-éthique de rudes questions. Non pas tant dans le domaine des grandes épidémies. « En quelques jours à peine les cas se multiplièrent et il devint évident pour ceux qui se préoccupaient de ce mal curieux qu'il s'agissait d'une véritable épidémie... La déclaration obligatoire et l'isolement furent maintenus. Les maisons des malades devaient être fermées et désinfectées, les proches soumis à une quarantaine de sécurité, les enterrements organisés par la ville », écrit Camus dans *La Peste.* Et depuis longtemps les sociétés humaines ont été contraintes en présence d'une redoutable épidémie de peste, de choléra, de typhus, de limiter la liberté de l'individu, d'imposer les quarantaines dans les ports et dans les villes, l'isolement et la clochette des lépreux, la déclaration obligatoire des maladies. Mais la nouvelle définition de l'épidémiologie nous conduit à considérer des situations moins dramatiques, moins aiguës, mais plus malaisément traitées quand il faut à la fois protéger l'individu et la collectivité. Et même dans le concept classique de l'épidémiologie, à quel moment, à quel degré de l'épidémie, des contraintes restreignant la liberté de l'individu peuvent-elles être imposées?

Deux questions importantes sont ainsi posées. Le cancer a valeur de modèle pour la première, le Sida pour la seconde.

Les cancers et les registres

Les causes des cancers. Quatre facteurs additionnés (un virus, le parasite du paludisme, une anomalie des chromosomes, la pauvreté) sont responsables de l'apparition d'un cancer de la mâchoire de l'enfant africain, décrit en Ouganda par le chirurgien anglais Denis Burkitt.

Trois facteurs (un virus, l'appartenance à un groupe sanguin spécial, l'habitude de ne pas vider le poisson avant de le cuire) provoquent par leur association un cancer de la gorge frappant les pêcheurs de la région de Canton.

Les travaux de Pasteur avaient établi l'unité, la spécificité de la cause. Un bacille est seul responsable de la tuberculose, un autre bacille est la cause de la diphtérie, un troisième bacille est la cause du tétanos.

Ces données, unité, spécificité qui gouvernent la prévention, le traitement des maladies infectieuses ne sont pas valables pour le cancer. La même cause, par exemple les radiations, provoque des cancers très divers. Et surtout une cause ne suffit pas; l'addition de plusieurs causes est nécessaire. Même à Hiroshima, les leucémies n'ont été observées que dans une partie de la population exposée. Placés à égale distance de la bombe, les uns sont devenus leucémiques, les autres sont restés indemnes. Ce qui témoigne très fortement en faveur de l'intervention d'autres facteurs.

Les registres. Ces constatations inspirent les recherches actuelles consacrées aux causes des cancers. Soit cent personnes atteintes d'un cancer bien défini, du sein, du poumon. Chacune de ces personnes fait l'objet d'une enquête très complète. Cette enquête porte sur la géographie (les lieux où cette personne a vécu), les habitudes alimentaires, les maladies subies, les conditions de travail, les relations familiales. Un document individuel est établi. La comparaison des données ainsi recueillies peut apporter d'utiles informations, permettre de soupçonner l'intervention de tel facteur retrouvé à maintes reprises, orienter de nouvelles recherches. Ainsi sont nés les registres qui assemblent ces documents. D'abord aux États-Unis, dans l'État du Massachusetts dès 1935, puis en Europe, au Danemark en 1941, puis en France dans plusieurs départements.

Le développement des méthodes informatiques, leur utilisation ont permis une exploitation statistique rigoureuse des données recueillies, ont permis de mettre en mémoire, de rassembler, de comparer ces données. Ainsi peuvent être étudiés, mesurés, appréciés les divers facteurs physiques, biologiques, génétiques, sociaux capables de gouverner la genèse du cancer, son apparition, sa fréquence.

Ces registres sont nécessairement (au moins initialement) nominatifs. Ce classement nominatif évite les confusions (le même cas étant enregistré deux à trois fois) et peut permettre une surveillance évolutive.

Les dangers. Ainsi les avantages des registres sont certains. Leur légitimité ne peut être mise en doute. La connaissance des causes des cancers va se trouver améliorée avec de très sérieux espoirs de prévention efficace.

Mais l'existence même de ces registres peut créer des situations dangereuses. Une claire définition de ces périls peut seule permettre de les limiter.

Dangers en cas de guerre, d'invasion, d'occupation du pays par une puissance étrangère. On ne doit pas sous-estimer l'usage qu'un nouvel Hitler pourrait faire de ces registres, avec la liquidation de telle ou telle catégorie de personnes. On a pu proposer de prévoir, en cas de guerre, le rassemblement des registres et leur destruction si la menace d'une invasion se confirme.

Dangers plus fréquents en temps de paix avec le risque de divulgation imprudente par tel service administratif d'informations très personnelles, avec de sérieux préjudices causés aux personnes concernées.

La limitation des dangers. Trois ordres de mesures devraient limiter ces dangers.

Mesures juridiques d'abord. L'existence des registres est actuellement illégale. Elle n'est autorisée par aucun texte. Il est important de donner une définition légale aux registres, de préciser les conditions, les limites de leur activité.

Mesures administratives ensuite assurant le fonctionnement correct de ces registres.

Mesures informatiques surtout. La limitation des dangers est directement fonction des progrès de l'informatique. Seuls ces progrès permettront de concilier le nécessaire développement des registres avec leurs heureuses conséquences pour la prévention des cancers et le nécessaire respect de la personne et de ses secrets.

ÉTHIQUE ET SIDA

Voici exactement dix ans en 1980, le monde connaissait comme aujourd'hui les conflits, les discordes, les misères. Mais les progrès de la médecine suscitaient de grandes espérances. Les deux révolutions successives, la révolution thérapeutique qui commence en 1937 avec les sulfamides, la révolution biologique qui lui succède avec la pathologie moléculaire et la génétique, ces deux révolutions transforment le destin des hommes. La tuberculose qui, de la phtisie des héros romantiques à *La Montagne magique*, tua tant de jeunes êtres, est pratiquement vaincue. La syphilis guérit en quelques semaines. Et même la redoutable leucémie aiguë des petits enfants est curable dans les deux tiers des cas. Les hommes pensent que la science va bientôt triompher de toutes leurs maladies. Ils se tiennent presque pour immortels. Cette espérance, cette confiance en la médecine se trouvent soudain troublées, bouleversées par le Sida, comme par un cataclysme de la nature. Certes les épidémies appartiennent à l'histoire de l'humanité. L'illustre pasteurien, Charles Nicolle, l'a bien montré lorsqu'il décrivit le « Destin des maladies infectieuses ». La peste, selon un grand historien américain, tua, pendant le calamiteux XIVe siècle, un tiers des Français, la peste qui répand la terreur de Daniel De Foe à Albert Camus. La syphilis envahit l'Europe au temps des Borgia et les victimes, en 1919, de la grippe dite espagnole se comptent par millions, sont plus nombreuses que les victimes de la guerre qui vient de se terminer.

Mais ce qui est nouveau, ce qui crée l'émotion, l'angoisse, c'est l'arrivée brutale du Sida dans un monde qui se croyait définitivement protégé, aseptisé. Émotion, angoisse qui sont accrues par les relations vite établies à propos du Sida entre le sexe, le sang et la mort.

Et très vite se développent les malentendus, les informations erronées, la survivance de magies, voire de démonologie ancestrale. Bientôt on constate que la pandémie mondiale d'infection par le virus de l'immuno-déficience acquise, regroupe en fait trois épidémies.

La première épidémie concerne les personnes infectées, le seul critère d'infection actuellement disponible étant la recherche de la séropositivité anti VIH.

La deuxième épidémie concerne les cas de Sida avérés, phase terminale de l'infection.

La troisième épidémie est celle des conséquences éthiques, sociales, culturelles, économiques et politiques, engendrées par les deux premières épidémies et la peur qu'elles provoquent. Cette angoisse, cette peur sont encore augmentées par l'état de la recherche scientifique faite d'alternance de progrès et de stagnation. Progrès, évolution très remarquable, bousculant fort heureusement les mesures statiques parfois proposées. Stagnation inévitable mais tragique lorsqu'elle nous oblige à assister impuissants à l'inéluctable aggravation de la maladie.

Ainsi le Sida pose aux Sociétés humaines deux sortes de questions. Des questions de recherche scientifique d'abord, de leurs orientations aussi larges que possibles, s'efforçant de sortir des chemins battus, d'aborder avec des imaginations neuves des problèmes nouveaux, de leur organisation (la création dans plusieurs pays d'agences spécialisées répond à ce souci), de leur financement qui doit être important sans pour autant compromettre les autres voies de recherche (cancer, maladies cardio-vasculaires, etc.), de relations internationales qu'il faut fortifier.

Mais aussi des questions éthiques, et très généralement des relations des Sociétés humaines avec le Sida. L'éthique a été définie, on l'a vu, comme la relation de l'âme avec l'environnement. Il s'agit ici de la relation de l'âme de nos Sociétés humaines, ou si l'on veut de nos Sociétés humaines concernées au plus profond avec les conditions nouvelles d'environnement créées par le fléau.

Comme c'est souvent le cas en matière d'éthique,

les questions d'éthique liées au Sida se présentent sous forme de tensions entre des impératifs moraux contradictoires ou apparemment contradictoires.

Tension d'abord entre l'individu et la collectivité. La gravité, la rapide extension des épidémies du passé justifiaient les mesures d'isolement, soit de sérieuses atteintes à la liberté de l'individu, de la quarantaine portuaire à la clochette des lépreux. Certains commentateurs ont demandé l'isolement des personnes infectées par le virus du Sida en tirant argument de la limitation des dangers de la lèpre, du résultat heureux obtenu au Moyen Age par l'isolement des lépreux qui n'épargnait personne pas même les rois. Ces commentateurs évoquent un fait exact mais ils oublient d'indiquer que quatre siècles ont été nécessaires. Les progrès de la biologie apporteront la solution du Sida dans des délais sensiblement plus courts.

En fait pour le Sida, le problème n'est pas de tout ou rien. Il s'agit d'un équilibre à réaliser entre les contraintes à imposer aux individus et la garantie des libertés.

Tension ensuite entre l'homme du présent et l'homme du futur. Jusqu'où est-il permis d'aller dans l'essai de nouvelles thérapeutiques apportant des informations beaucoup plus utiles pour les malades du futur que pour ceux qui sont présentement objet de l'étude?

Tension entre la vérité cruelle et le mensonge apaisant. Lorsqu'en 1985, fut reconnue la contagiosité du sang, lorsque fut systématiquement recherchée l'infection à VIH des donneurs de sang volontaires, la question fut posée au Comité Consultatif National d'Éthique. La vérité brutalement révélée peut entraîner le suicide, la rupture conjugale, l'éviction professionnelle. Le mensonge fait courir un risque certain de transmission de la maladie. La vérité fut préférée. Elle ne doit pas être assénée, mais longuement expliquée, commentée.

Tension géographique ensuite. Il est une histoire et une géographie du Sida avec d'une année à l'autre et, selon la latitude ou la longitude, des comportements différents des Sociétés humaines. Ceci pour des décisions fort importantes, la déclaration obligatoire, le dépistage systématique ou recommandé, le passage des frontières autorisé ou non.

En fait, tout à la fois, le Sida a pour la bio-éthique valeur de modèle et l'étude dont il est le motif peut bénéficier des données, des principes établis par les recherches antérieures de bio-éthique.

A savoir en premier lieu le respect de la personne. La médecine tout compte fait concerne l'homme.

En deuxième lieu le respect de la science qui seule peut apporter la vraie solution.

Mais en attendant cette victoire de la science, la nécessité d'un rigoureux effort d'éducation, d'information. La coopération efficace des enseignants, des journalistes est essentielle. Seules la formation et l'information des citoyens permettront pendant la période d'attente de limiter les périls.

Nécessité aussi d'une juste appréciation des efforts financiers indispensables. Comme le rappelle Claude Got, la France en 1988 a consacré à la recherche sur le Sida des sommes *huit cents fois* plus faibles que celles que nous coûtent les accidents de la route et pour promouvoir une sexualité plus sûre, des sommes *deux mille fois* plus faibles que celles qui assurent la publicité de l'alcool. Est-il raisonnable d'accepter de tels déséquilibres?

CHAPITRE III

CONSÉQUENCES MORALES DE LA RÉVOLUTION BIOLOGIQUE

Les trois maîtrises

La révolution biologique ne concerne plus seulement les malades mais les sociétés humaines tout entières. Elle donne, ou va donner, à l'homme trois maîtrises, la maîtrise de la reproduction, la maîtrise de l'hérédité, la maîtrise du système nerveux. Chacune de ces maîtrises pose des problèmes d'éthique graves et importants.

1. MAÎTRISE DE LA REPRODUCTION

La maîtrise de la reproduction utilise des méthodes très variées.

Contraceptions. Vaccinations contre la grossesse. Interruptions volontaires de grossesse.

Un médecin du temps de l'empereur Hadrien recommandait aux dames romaines d'éternuer au moment décisif pour éviter d'être fécondées. Depuis lors, les méthodes anticonceptionnelles ont été améliorées. Il ne saurait être question de les décrire ici. Nous nous limiterons à l'examen des conséquences de deux recherches récentes concernant : 1) les vaccinations contre la grossesse, 2) les molécules antiprogestérone.

Vaccinations contre la grossesse

Les premiers vaccins étudiés en Inde et qui devaient agir contre les antigènes du sperme limitaient leur action aux antigènes du sperme du mari. Tout enfant était nécessairement adultérin. La méthode a été abandonnée. Plus efficaces paraissent les techniques plus récentes et avant tout celles qui ont pour objet la préparation d'un vaccin contre l'hormone gonadotrophine chorionique, hormone qui, lorsque se développe l'embryon, permet la persistance du corps jaune et la production de progestérone. La suppression de cette hormone par le vaccin entraînera la dégénérescence du corps jaune, la baisse de la progestérone et, par conséquent, l'interruption très précoce de la grossesse. On a pu obtenir un anticorps actif par couplage à un vaccin connu, l'anatoxine tétanique ou diphtérique. La vaccination contre les antigènes des spermatozoïdes empêchait la grossesse. La vaccination contre l'hormone gonadotrope intervient juste après la conception.

Après les hauts et bas habituels, la recherche progresse. On peut espérer disposer vers la fin du siècle d'un vaccin efficace. Avec de grands avantages quand on protégera pendant deux ou trois ans une jeune femme malade, tuberculeuse par exemple, qui, une fois guérie, pourra concevoir sans danger. Avec de grands soucis lorsqu'une autorité politique, se fondant sur des données scientifiques erronées ou justes, prétendra interdire la grossesse à telle ou telle catégorie de jeunes femmes.

Les molécules antiprogestérone

La progestérone est une hormone indispensable à toutes les étapes de la grossesse.

Étienne Baulieu et ses collaborateurs ont annoncé, le 19 avril 1982, par une note présentée à l'Académie des Sciences, la synthèse d'une substance, d'une molécule antiprogestérone, appelée RU 486.

Cette molécule, s'opposant à l'action de la progestérone, permet les interruptions précoces de grossesse, à partir du 8e jour après la conception.

Depuis 1982, la nouvelle molécule a fait l'objet, en France et hors de France, d'importantes recherches. Elle a suscité débats et polémiques, autorisation, interdiction, à nouveau autorisation. En fait, indépendamment des polémiques, la molécule RU 486 pose trois ordres de problèmes, scientifiques, moraux, législatifs ou juridiques.

Science. La valeur scientifique d'une découverte doit toujours être assurée, confirmée, avant que soient examinées les conséquences éthiques de la découverte. Les travaux poursuivis depuis sept ans ont établi des faits importants, ont laissé subsister quelques incertitudes.

Les faits établis sont les suivants :

1) La molécule RU 486 est capable de provoquer très tôt (8e jour) l'interruption de la grossesse. Les essais conduits sur des jeunes femmes volontaires (elles-mêmes médecins ou biologistes) en témoignent.

2) La molécule est généralement bien tolérée et les accidents qu'on peut lui imputer sont rares.

3) L'association à la molécule RU 486 d'autres substances, les prostaglandines, augmente notablement l'efficacité du produit. Un taux d'efficacité variant de 88 à 93 % était annoncé dès 1986. Et le taux actuel d'efficacité est probablement un peu plus élevé.

Mais des incertitudes persistent :

1) Quelle est la fréquence, quelle est la gravité réelle des accidents (hémorragies surtout) parfois signalés?

2) Au cas d'inefficacité, quel est le destin de l'enfant? Doit-on ou non, pour éviter la naissance d'enfants éventuellement malformés, prévoir alors l'interruption systématique de la grossesse par les méthodes habituelles?

3) Quelles seront les conséquences à moyen et long terme de l'emploi fréquent de la molécule RU 486 par des jeunes femmes inquiètes? Doit-on ou non redouter des altérations de la santé de ces jeunes femmes, et des enfants qu'elles pourraient concevoir dans l'avenir?

Incertitudes du côté des conséquences fâcheuses. Incertitudes aussi du côté des espoirs. La molécule RU 486 n'est pas seulement abortive. Elle peut être utilisée dans le traitement de troubles hormonaux, paradoxalement dans le traitement de certaines stérilités. Peut-être même dans le traitement des cancers.

Éthique. Marie tient le respect de la vie, de la personne pour le premier de ses devoirs. L'œuf humain juste conçu est une personne. L'interruption délibérée de la grossesse est un meurtre, un crime. Elle a plusieurs fois été enceinte. Jamais, quelque justifiés qu'en aient été les motifs, elle n'aurait accepté l'interruption de sa grossesse. Ce respect de la vie, de la personne est la conséquence de sa foi qui est profonde. Mais Marie n'a jamais voulu contraindre celles, ceux dont les convictions sont différentes. Son respect de la personne s'étend à ces personnes différentes. Elle déplore leur attitude, mais toute interdiction formelle lui paraîtrait une atteinte à la liberté de chacun.

Ernest regrette le temps de l'Inquisition et de son pouvoir étendu aux Philippines, aux deux Amériques. L'interruption volontaire de grossesse est un assassinat. Elle doit être condamnée, interdite partout dans le monde. Il ne tient aucun compte de la diversité des fois, des concepts, de la croyance des Bouddhistes en la métempsycose, de l'indifférence des athées. La peine de mort lui paraît la seule sanction convenable pour celles, pour ceux qui ont accepté, recommandé, pratiqué un avortement.

Jeanne est aimable, conciliante. Elle déplore le passé et ses mœurs rigides. Elle est heureuse de constater que les femmes sont enfin considérées comme des personnes. Elle ne croit pas que le fœtus soit une personne comme sa mère. Pour elle ce fœtus fait partie du corps de la mère. La mère peut donc en disposer et le détruire. La grossesse est certes un événement important. Mais quand elle risque de provoquer des difficultés et au minimum de troubler la forme de vie choisie, son interruption volontaire est légitime. Cette interruption est acceptée sans grand regret.

Dans quelle mesure la molécule RU 486 modifie-t-elle les diverses questions morales, les diverses positions morales liées à l'interruption volontaire de grossesse? En principe par deux de ses conséquences, la précocité, la facilité.

La possibilité d'interrompre la grossesse quelques jours après la conception, la possibilité d'obtenir cette interruption par la seule ingestion de quelques comprimés, sans hospitalisation, sans intervention chirurgicale, sont des données très importantes. Les gouvernements des pays accablés par de rapides accroissements de la population ont pu espérer que le RU 486 leur apporterait la maîtrise souhaitée de leur démographie.

Mais l'on peut envisager d'autres conséquences de ces deux propriétés, facilité, précocité.

Facilité n'est pas innocuité assurée. Nous l'avons déjà indiqué. Précocité sera souvent ignorance. La jeune femme acceptera-t-elle de prendre la molécule RU 486 sans savoir si elle est enceinte? Cela n'est pas sûr. Les jeunes femmes, pour la plupart, ne sous-estiment pas l'importance de la grossesse, l'importance de la décision qu'elles prennent de l'interrompre. Accepteront-elles nombreuses d'agir dans la nuit et, tout bien pesé, de remplacer par la molécule RU 486 les molécules actuellement utilisées avant la conception pour empêcher la conception? Il est difficile de répondre actuellement à cette question.

Il est permis ici de regretter respectueusement que de hautes autorités religieuses aient condamné également contraception et avortement. La contraception ne tue personne; l'avortement est la mort d'une personne humaine potentielle. Il est permis de souhaiter une révision de cette attitude.

Les progrès espérés des méthodes de vaccination contre la grossesse pourraient bien dans un avenir pas très éloigné rendre caducs les craintes, les discussions, les polémiques, les émois suscités par la découverte d'Étienne Baulieu.

Lois et règlements. La loi de 1975 a précisé en France les conditions de l'interruption volontaire de grossesse, sa chronologie, les consultations préalables, les précautions nécessaires.

En l'état actuel, la prescription, la prise à fin abortive de la molécule RU 486 ne peuvent être autorisées que dans les conditions fixées par la loi de 1975. Déjà en 1987 le Comité Consultatif National d'Éthique avait estimé que l'utilisation du RU 486 ne pourrait être autorisée que dans le cadre des lois en vigueur et sous surveillance médicale. Et il ajoutait : « Les problèmes posés conduisent le Comité à insister dès maintenant sur l'importance qu'il y a d'emblée à n'autoriser la prescription et l'emploi de ce produit que dans des centres hautement spécialisés. » Les études impartiales poursuivies dans ces centres hautement spécialisés auront deux conséquences : 1) Elles permettront une appréciation scientifique rigoureuse des avantages, des inconvénients de la nouvelle molécule, de ses vertus, de ses dangers. 2) Elles permettront aussi, justement par ce renouvellement des données scientifiques, un renouvellement des données morales éclairant, facilitant la solution des très sérieux problèmes éthiques actuellement posés.

Insémination artificielle

Histoire – Définition – Classement

Jacques vingt-cinq ans, Antoine vingt-sept ans sont tous deux atteints par la même grave affection, la maladie de Hodgkin. La maladie de Hodgkin, cancer des ganglions, a longtemps été fatale. Elle guérit aujourd'hui dans la majorité des cas grâce à un traitement associant chimiothérapie et radiothérapie. Mais ce traitement salvateur peut souvent rendre stérile le malade qui le subit. Jacques a été informé de ce risque de stérilité. Il a déposé son sperme au centre de conservation, appelé parfois bizarrement banque de sperme. Deux ans plus tard guéri, mais stérile, il pourra, grâce à ce sperme conservé, concevoir ses propres enfants.

Antoine a été traité à une époque où on ne connaissait pas encore ces inconvénients de la thérapeutique. Aucune précaution n'a été prise. Une fois le traitement terminé il est guéri lui aussi, lui aussi stérile, mais sans le recours possible à sa propre semence. Le centre de conservation du sperme va lui procurer le sperme généreusement offert par un donneur anonyme. Sa femme recevra ce sperme anonyme et portera un peu plus tard un enfant.

Telles sont les deux grandes variétés d'insémination 1) avec le sperme du conjoint, 2) avec le sperme d'un donneur.

Les premières tentatives sont anciennes : la première insémination avec sperme du conjoint a eu lieu en Grande-Bretagne en 1780; la première insémination avec sperme de donneur un siècle plus tard, en Grande-Bretagne aussi en 1884.

Longtemps de telles tentatives sont demeurées très rares.

Les conditions de l'insémination vont se trouver transformées par les travaux de Jean Rostand, qui confirment et développent les recherches anciennes de l'abbé Spallanzani montrant qu'il est possible de conserver à basse température le sperme de nombreuses espèces animales. Cette découverte de Jean Rostand a eu de très importantes conséquences pour l'élevage des animaux domestiques (bovins, ovins, caprins, etc.). Elle a un peu plus tard été appliquée à la conservation du sperme humain. Elle a pour une large part contribué au développement de cette insémination chez l'homme. Développement dont témoignent les 15 000 naissances d'enfants, succédant à une telle insémination, enregistrées en France depuis quinze ans. Cependant étaient mises au point les structures médicales nécessaires. En France un hommage particulier doit être rendu à Georges David, responsable à l'hôpital de Bicêtre du premier centre français et dont l'action a constamment été inspirée par une haute conscience des nécessités techniques et des devoirs moraux.

Le classement suivant des inséminations chez l'homme peut être proposé.

Le donneur étant le conjoint, l'insémination peut être : 1) rendue nécessaire par l'altération de la santé de ce donneur, 2) de simple complaisance. Ainsi de nombreux jeunes hommes américains ont porté leur sperme à la banque de sperme, puis se sont fait lier les canaux déférents, les canaux qui conduisent le sperme. Toute leur vie, ils auront les relations sexuelles qu'ils souhaiteront. Trois fois ils voudront un enfant, ils iront chercher leur sperme à la banque. Il s'agit d'une dissociation presque caricaturale entre l'amour et la fonction de reproduction.

Le donneur conjoint peut être vivant (ce qui est de loin le cas le plus habituel) ou mort et nous aurons à revenir sur les questions posées lorsque le donneur n'est plus en vie.

Le donneur de sperme n'étant pas le conjoint est un volontaire qui s'est présenté au centre de conservation du sperme.

Questions éthiques posées par l'insémination artificielle

Licéité. La licéité, terme emprunté, je crois, au droit canon, définit ce qui est licite, ce qui est permis. L'insémination est le premier exemple de procréation médicalement assistée, d'intervention du médecin dans la procréation. Et (pour passer du droit canon au langage parlementaire) se pose immédiatement une question préalable, l'insémination est-elle acceptable? Est-elle licite?

La réponse de la bio-éthique doit (comme en mainte autre circonstance) se fonder et sur les principes (appelés dogmes par certains) et sur les faits.

Les deux principes, les deux dogmes évoqués ici sont : 1) le droit à l'enfant (en toute personne existe un droit à l'enfant), 2) le droit à la vérité (tout enfant a le droit de connaître ses origines).

L'examen pragmatique des faits montre leur diversité. Il n'est pas de réponse univoque.

1) L'utilisation du sperme conservé d'un homme dont la santé a été altérée (comme dans l'exemple du jeune hodgkinien cité ci-dessus) ne paraît pas poser de problème moral.

2) Lorsque la stérilité du conjoint est définitive, le recours au sperme d'un donneur anonyme est généralement accepté par les sociétés contemporaines. Ce recours suppose (nous y reviendrons) le respect de conditions techniques et morales très strictes.

3) L'insémination de convenance avec sperme conservé du conjoint (comme dans l'exemple américain évoqué ci-dessus) ne paraît pas acceptable et devrait être refusée.

Gratuité. La gratuité est une condition absolue. En aucun cas l'apport de spermatozoïdes, même occasionel, ne doit être rémunéré. La gratuité définit le don.

Le même principe s'applique aux centres responsables de la récolte, de la conservation, de la cession du sperme. Les activités techniques doivent être rétribuées selon un prix fixé par le ministère de la Santé. Mais en aucun cas ces activités ne doivent être sources de profit. Seuls des centres agréés doivent être autorisés à pratiquer ces diverses opérations. Ces centres peuvent être publics ou privés. S'ils sont privés, ils doivent fonctionner sans but lucratif.

Anonymat. Tout un courant de pensée, de recherche, en ses dernières années, a critiqué l'anonymat. Pour soigner un enfant, pour exercer les préventions utiles, il est indispensable, a-t-on assuré, de connaître sa filiation génétique. Les arguments invoqués par les généticiens, les pédiatres ont été assez forts pour conduire certains pays, telle la Suède, à refuser l'anonymat. Une première conséquence a été la grande diminution, la quasi-disparition des donneurs.

Laissons cet épisode. A considérer la question dans son ensemble, il s'agit, comme souvent en bio-éthique, d'un conflit, d'une confrontation de devoirs.

D'un côté cette importance génétique de la prédiction. Mais d'un autre côté : 1) la nécessité d'assurer l'autonomie et l'épanouissement de la famille qui se fonde, 2) la nécessaire protection loyale du désintéressement du donneur.

Ces deux considérations l'emportent dans l'échelle des valeurs, sur les arguments génétiques. L'anonymat est indispensable. Il exclut l'établissement de tout lien de filiation entre le donneur et l'enfant issu de la procréation.

De plus, le centre responsable peut recueillir par l'examen complet du donneur toutes les informations utiles et transmettre ces informations anonymement à la famille receveuse.

Deux parents. Pas un de plus, pas un de moins?

Deux parents et pas un de plus? Nous venons de répondre à la question. Le père légal doit être le seul père à l'exclusion du donneur de sperme.

Deux parents et pas un de moins? Se pose ici la question des mères célibataires demandant l'insémination. La Loi française permet en pareil cas l'adoption et cet argument a été invoqué en faveur de l'insémination des mères célibataires. La situation est cependant différente puisqu'en cas d'adoption, l'enfant existe déjà. En fait cette insémination des mères célibataires appartient à la catégorie des inséminations de convenance évoquée déjà. Elle conduira à la naissance nécessairement d'un enfant orphelin. Elle ne devrait pas être encouragée.

Insémination post-mortem

Même lorsque le mari a par avance donné son consentement à l'utilisation après sa mort, pour l'insémination de sa veuve de son sperme conservé, cette insémination ne doit pas être encouragée. Pour les mêmes raisons. Cet enfant sera nécessairement orphelin. Et quel sera son destin lorsque la jeune veuve (comme cela est fréquent) se remariera?

> Entre la veuve d'une année
> Et la veuve d'une journée
> La différence est grande

nous rappelle La Fontaine

De l'Éthique au Droit

Dans un chapitre de son remarquable rapport « De l'Éthique au Droit », le Conseil d'État a souligné : 1) l'insuffisance des textes actuels, 2) son souci de s'écarter le moins possible du droit commun de la filiation.

« La raison qui légitime ce mode de procréation invite à valoriser le consentement masculin. Si la loi ne dit rien, l'enfant risque d'être désavoué par le mari de la mère ou, s'il s'agit de filiation naturelle, de n'avoir jamais de père. Il paraît donc nécessaire d'exclure le désaveu ordinaire de paternité (sur la seule preuve évidente de la non-paternité biologique) de la part d'un mari qui a effectivement consenti à l'insémination artificielle de son épouse. Pour parvenir au même résultat pour le concubin, il sera concevable de prévoir que le consentement de ce dernier serait officieusement recueilli sous le sceau de la juridiction gracieuse, et sans publicité, et qu'en vertu de la loi, il vaille reconnaissance de l'enfant à naître, reconnaissance que son auteur ne pourrait contester. Enfin, il serait indispensable de mettre la filiation de l'enfant à l'abri de toutes les initiatives qui pourraient troubler son état. Il suffirait ainsi d'élever une fin de non-recevoir à toutes les demandes émanant de l'enfant, des parents ou des tiers qui tendraient à établir sa filiation sur d'autres bases : action en contestation d'état, en revendication d'enfant ou en recherche de paternité ou de maternité génétique. »

Un faux problème. Les mères de substitution (mères vendeuses, mères dites porteuses)

Les problèmes que la bio-éthique s'efforce de résoudre sont, pour la plupart, de vrais problèmes, ardus, profonds, suscités par les progrès de la biologie et de la médecine.

Parfois la même bio-éthique rencontre de faux problèmes. Non pas liés à l'évolution de la connaissance mais provoqués par les appétits financiers, le lucre.

Tel est le cas des mères de substitution, dites à tort mères porteuses, et qui sont en fait des mères vendeuses, responsables, selon les termes d'Alfred Jost, membre du Comité Consultatif National d'Éthique, d'abandon d'enfant avec préméditation.

En fait les vrais responsables ne sont pas ces femmes, souvent de condition très modeste, et qui vendent ou louent leur utérus, leurs ovaires, mais bien plutôt les médecins, les intermédiaires qui organisent ce curieux trafic. Rien de scientifique, rien de nouveau dans cette entreprise. Un couple est stérile parce que l'épouse, en raison du mauvais état de ses ovaires, de son utérus, ne peut concevoir. Le marché est conclu par un intermédiaire avec une pauvre femme. Le sperme prélevé au mari du couple stérile est introduit dans l'utérus de cette pauvre femme. Neuf mois plus tard l'enfant qui naît est remis au couple stérile, cependant que la femme vendeuse, l'intermédiaire, le médecin qui a procédé à l'introduction du sperme dans l'utérus, reçoivent chacun leur rétribution.

La femme dont on a loué ou acheté les services n'est pas une mère porteuse. Elle est une vraie mère. L'enfant est l'enfant de ses ovules et de son utérus. Cela est si vrai que, dans certains cas, cette mère s'est tout naturellement prise d'amour pour l'enfant qu'elle a porté et refuse de le remettre aux acheteurs. Dans d'autres cas ce sont les enfants aînés de cette dame qui se sont opposés à ce départ. « Ne laisse pas partir le petit frère. » Cette singulière méthode a connu un temps un certain succès dans divers pays, en particulier aux États-Unis, en France. Pourtant il n'était pas besoin de nouvelles dispositions légales. La seule application de la loi sur l'adoption aurait suffi et aurait permis les interdictions nécessaires. Une léthargie, pas tout à fait inexplicable, et des Conseils de l'Ordre des Médecins et des magistrats explique, au moins pour la France, le développement temporaire de ces méthodes. Probablement temporaire car de récentes décisions du Conseil d'État ont confirmé la situation illégale des associations qui voulaient favoriser l'extension du recours aux mères vendeuses.

Un grand principe (que nous aurons souvent l'occasion de rappeler) inspire le droit français, la bioéthique de notre pays. Le corps humain ne peut être vendu. Ce principe doit assurément être maintenu.

La France n'est pas seule. La loi britannique du 16 juillet 1985, intitulée « Surrogacy Arrangement Act » institue des sanctions pénales à l'encontre de ceux qui interviennent pour faciliter le recours aux procédés de maternité de substitution. La position de sévérité recommandée en France par le Comité Consultatif National d'Éthique dès 1984, puis par le Conseil d'État, n'est donc pas isolée. Elle doit s'assortir de sanctions pénales concernant les intermédiaires.

La fécondation in vitro

Deux aventures américaines

Première aventure : Un couple d'Américains très fortunés est stérile. Les trompes de l'épouse, ces conduits qui vont des ovaires à l'utérus, les trompes donc ont été altérées, bouchées par une infection ancienne. Les biologistes, les médecins australiens ont acquis une très haute réputation dans le domaine de la fécondation in vitro. Nos milliardaires se rendent donc en Australie. Le sperme de l'époux, les ovocytes de l'épouse sont prélevés. Plusieurs spermatozoïdes, mis en présence de plusieurs ovocytes, fécondent ces ovocytes. Plusieurs embryons sont formés. Les médecins australiens sont prêts à introduire ces embryons dans l'utérus de la dame. A ce moment une obligation imprévue et forte contraint le couple à revenir en Amérique. « Nous serons de retour en Australie la semaine prochaine », assurent-ils. Mais leur avion tombe dans le Pacifique. Aucun survivant.

Le neveu des milliardaires, héritier de leur fortune, télégraphie au gouvernement australien et demande la destruction des embryons qui sont les vrais héritiers. Les médecins australiens refusent cette destruction. Une vigoureuse polémique oppose, des deux côtés du Pacifique, partisans et adversaires de la destruction, chacun utilisant des arguments de plus en plus vigoureux.

Après quelques semaines de polémique, le journaliste qui avait le premier décrit cette aventure, annonce qu'elle est entièrement imaginaire. Point de milliardaires. Point de stérilité. Point d'Australie. Point d'embryons. « J'ai souhaité, ajoute-t-il, connaître les réactions de l'opinion confrontée à un tel problème. »

Il existe plusieurs versions, nord-américaine, sud-américaine, de cette histoire. Peu importent en fait diversité et véracité. L'aventure a assurément valeur exemplaire.

Deuxième aventure : Mary Sue, vingt-huit ans, est stérile. La fécondation in vitro est envisagée. L'époux John et l'épouse sont d'accord. Accord oral qui n'est pas enregistré par écrit.

Sept embryons sont conçus et conservés par congélation dans un laboratoire spécialisé du Tennessee.

Mais le couple se disjoint. Une procédure de divorce est engagée. Quel va être le sort des embryons?

Mary Sue souhaite être mère, souhaite l'implantation rapide des embryons dans son utérus.

John est réservé, estime que l'on peut attendre, veut disposer d'une sorte de droit de veto, interdire à sa femme de disposer des embryons sans son consentement.

Le procès opposant Mary Sue et John est en cours. Un premier juge a accordé à Mary Sue la garde des embryons congelés.

Le roi Salomon avait demandé qu'on lui apporte une épée. Et le roi dit : « Coupez en deux l'enfant qui vit et donnez la moitié à l'une et la moitié à l'autre. »

Certains critiques ont regretté que le magistrat américain n'ait pas eu recours à la méthode du roi Salomon. Ces critiques ont tort. La méthode du roi Salomon ne peut être appliquée aux embryons. Un embryon est-il coupé en deux, chacune des deux moitiés devient un embryon vivant.

Les acteurs. Définitions. Classement

Le spermatozoïde est la cellule sexuelle mâle qui, arrivant à maturité, est capable de féconder l'ovule « animalcules presque essentiels à l'amour qui frétillent sous l'œil dans le microscope », disait Paul Valéry.

L'ovocyte est la cellule germinale femelle que sa maturation conduira à l'état d'*ovule* fécondable.

Les gamètes sont les cellules (spermatozoïdes, ovules) qui s'unissent pour la fécondation.

Les trompes de Fallope, ou plus simplement les trompes, sont les conduits qui permettent le passage de l'ovule de l'ovaire jusque dans la cavité utérine.

L'utérus est l'organe génital féminin destiné à héberger l'ovule fécondé et à permettre son développement jusqu'au moment où le fœtus sera mis au monde.

Les fonctions de reproduction dépendent pour une bonne part de la régulation hormonale, neuro-hormonale, s'exerçant à distance. Mais à nous limiter aux questions locales, trois organes doivent être considérés, l'ovaire produisant les ovocytes, les ovules, la trompe qui les conduit vers l'utérus, l'utérus lieu de fécondation, du développement de l'embryon, du fœtus.

Ce sont là données connues de tous (ou de presque tous) qu'il n'est pourtant pas tout à fait inutile de rappeler.

De plus sérieuses ambiguïtés, pas tout à fait innocentes, entourent la définition de *l'embryon* qui varie de pays en pays, certains utilisant les termes successifs d'œuf fécondé, de pré-embryon, d'embryon enfin. En France, le terme d'embryon s'applique à toutes les phases du développement de l'œuf ou zygote depuis la fécondation de l'ovule jusqu'au stade fœtal qui est atteint à la huitième semaine de la grossesse. Le mot fœtus s'utilise ensuite lorsque les principaux organes sont formés.

Les stérilités féminines

Trois organes féminins, ovaires, trompes, utérus, intervenant dans la reproduction, les stérilités féminines peuvent être dues 1) soit à l'insuffisance globale des trois organes, 2) soit à l'insuffisance associée de deux d'entre eux, 3) soit à l'insuffisance isolée de l'un d'entre eux.

Les procréations médicalement assistées

Longtemps les médecins, les gynécologues, les accoucheurs se sont bornés à surveiller les grossesses. Ils peuvent aujourd'hui enclencher le processus de grossesse lui-même. Des méthodes non naturelles viennent relayer, remplacer les processus normaux de procréation. L'insémination artificielle, corrigeant la stérilité masculine, a été le premier exemple de ces procréations médicalement assistées.

Le traitement, la correction des stérilités féminines a suscité des méthodes beaucoup plus variées, a posé des questions morales graves. Il s'agit en fait d'une véritable révolution biologique, éthique, sociale.

Le don d'*ovules* peut corriger la stérilité ovulaire. Les ovules d'une donneuse sont prélevés chirurgicalement. Ils sont fécondés in vitro par le sperme du mari du couple stérile puis, devenus embryons, sont introduits dans l'utérus de son épouse.

Le prêt d'*utérus* peut corriger la stérilité utérine. L'embryon, formé in vitro par fécondation des ovules de l'épouse stérile par le sperme de son mari, est introduit dans l'utérus d'une autre femme qui, elle, est véritablement une mère porteuse. Elle va, pendant neuf mois, porter un enfant qui ne vient pas de ses ovules.

Dans les deux cas, l'enfant qui naît a deux mères biologiques, une mère ovulaire, une mère utérine. Il a reçu de la première la moitié de son patrimoine génétique. Il a reçu de la seconde tout au long de la grossesse de très importantes informations nerveuses, hormonales, humorales.

La fécondation in vitro

Les médecins de cette fin du XXe siècle continuent, comme au temps de Diafoirus, de parler latin. La fécondation in vitro est celle qui se fait hors du corps humain, dans le verre du laboratoire.

Le prélèvement du sperme, sa conservation à basse température sont aisés.

Mais le prélèvement des ovules demande une intervention chirurgicale sous anesthésie et ne peut donc être renouvelé trop fréquemment et nous ne savons pas encore congeler, conserver les ovules à basse température. D'où deux contraintes 1) la nécessité de prélever d'emblée un certain nombre d'ovules (un traitement hormonal préalable aura permis d'augmenter leur production), 2) la nécessité de procéder immédiatement aux opérations de fécondation puisque la conservation des ovules n'est pas possible. Ceci en raison aussi d'une troisième contrainte, la nécessité de préparer d'emblée plusieurs embryons. Les échecs sont très fréquents. Il est indispensable d'introduire plusieurs embryons et, en cas d'échec, d'être prêt à recommencer à plusieurs reprises l'introduction d'embryons préparés et gardés en réserve.

Plusieurs variantes de l'opération existent.

Tantôt l'ensemble du processus de fécondation est artificiel ou plus exactement médicalisé. C'est le cas habituel connu sous le nom de FIV (fécondation in vitro).

Tantôt sont mises en œuvre des techniques intermédiaires, la fécondation se fait dans la trompe de Fallope, c'est (en anglais) le GIFT (gametes into Fallopian transfer). Ou encore la fécondation se fait dans le péritoine, c'est la FIP (fécondation intra-péritonéale).

Éthique de la fécondation in vitro

Faut-il condamner, interdire la fécondation in vitro?

De très hautes autorités religieuses ont condamné et, en conséquence, interdit la fécondation in vitro. Condamnation, interdiction inspirées par un principe très fort : tout ce qui, dans ce domaine, s'écarte de la nature est immoral et doit être rejeté.

D'autres autorités religieuses, très éminentes aussi, ont fait remarquer que la fécondation in vitro est un acte d'amour quand elle unit la semence de l'époux à l'ovule de l'épouse, quand elle permet à ce couple d'avoir un enfant qui sera leur enfant.

Le débat est ouvert. Les échanges se poursuivent. On peut espérer 1) une attentive définition des précautions, des conditions indispensables, 2) la levée, après certains délais, de la condamnation actuelle.

Les questions d'argent

Deux questions surtout :

1) Comme tout ce qui touche au corps humain, la fécondation in vitro ne doit pas donner motif à profit. Lorsque interviennent des éléments étrangers au couple, il doit y avoir don d'ovules, comme en d'autres cas don de sperme. Le commerce éventuel d'embryons doit être condamné par la loi et sanctionné par de lourdes peines.

Les médecins, les biologistes, les infirmières intervenant dans la fécondation in vitro doivent être normalement rémunérés. Mais tout autre profit est interdit.

La fécondation in vitro ne doit être pratiquée que dans des centres agréés, définis par leur haute valeur technique, leur rigueur éthique, leur désintéressement. Les abus, un certain laxisme doivent être corrigés.

2) La fécondation in vitro coûte très cher et risque d'entraîner de lourdes dépenses pour la collectivité, pour les individus. Elle doit être accessible à tous. Mais ses indications doivent être attentivement étudiées et limitées aux cas pour lesquels n'existe aucune autre solution. Les services compétents du ministère de la Santé pourraient préciser les mesures qui permettront de fixer ces indications.

Les embryons surnuméraires

Pour les raisons techniques indiquées plus haut, les procédés de fécondation in vitro conduisent à préparer de nombreux embryons. Quand l'opération a réussi, quand la grossesse est en cours, quand l'enfant naît, ces embryons non utilisés restent au laboratoire. Ils sont dits embryons surnuméraires. Leur destin pose au biologiste, au moraliste de rudes problèmes. Que faut-il en faire? Les garder pour une autre grossesse du même couple? en faire don à un autre couple? les utiliser pour la recherche? les tuer? Avant d'aller plus loin il faut rappeler (nous y reviendrons lors des études consacrées à la personne) que ce fœtus est une personne humaine potentielle et doit être respecté comme tel.

Garder les embryons surnuméraires pour une autre grossesse du même couple. Cette solution est assurément la meilleure. Elle suppose deux conditions 1) l'accord bien entendu du couple. Cet accord doit être très précis et enregistré par écrit. La dispute opposant Mary Sue et John, évoquée ci-dessus, montre l'importance de ces précautions, 2) la limitation de la durée de conservation. Des durées trop longues auraient de graves inconvénients, créant des discordances chronologiques entre les générations. Des durées de deux ans, de cinq ans, ont été proposées, la première par le Comité National d'Éthique, la seconde par le Conseil d'État. Il est bien difficile de choisir.

Faire don des embryons surnuméraires à d'autres couples. Une sorte d'adoption serait ainsi réalisée. Elle suppose l'accord de principe du couple initial. Elle poserait des problèmes de droit que de nouvelles mesures législatives devraient régler pour que l'enfant ait une existence légale.

Utiliser ces embryons pour la recherche? Trois conduites ont été proposées :

1) la liberté absolue de recherches sur les embryons surnuméraires;
2) l'interdiction absolue;
3) des autorisations limitées à des cas précis, dans des conditions définies.

La première conduite n'est guère acceptable. Elle pourrait mener, sous des prétextes divers, à de graves abus, par exemple du côté de l'eugénisme.

Entre la deuxième et la troisième conduite, il est difficile de choisir. Une autorisation de certaines recherches, dans des conditions bien précises, est probablement préférable à l'interdiction systématique. L'on est ainsi conduit à distinguer 1) des recherches interdites, 2) des recherches dès maintenant autorisées, 3) des recherches difficiles à classer.

Recherches interdites. 1) Il faut bien entendu interdire le prélèvement ou la constitution d'embryons dans le seul but de la recherche indépendamment de toute intervention thérapeutique. 2) Il faut également interdire les recherches capables d'aboutir à une modification artificielle du génome humain transmissible à la descendance. 3) Devraient également être interdites les recherches qui, en l'état actuel de la science, ne sont pas justifiées, telle la production de chimères. A la même catégorie appartiennent, au moins présentement, les recherches sur la parthénogenèse ou sur l'ectogenèse (réalisation complète de la gestation in vitro).

Recherches autorisées. On peut autoriser les recherches qui permettent au couple considéré d'augmenter ses chances d'avoir un enfant. Par exemple, recherches sur le traitement de stimulation de l'ovaire en vue de la production de plusieurs ovocytes aptes à être fécondés, recherches visant à recréer in vitro des conditions voisines de celles assurant in vivo le développement de l'embryon avant son implantation.

Recherches difficiles à classer. A cette catégorie appartiennent surtout les recherches visant, par des méthodes variées, à permettre la réalisation d'un diagnostic de sexe avant transplantation.

D'une façon plus générale, lorsqu'il s'agit d'embryons non destinés à être réimplantés, faut-il ou non admettre des recherches concernant l'acquisition de connaissances nécessaires à de futures applications cliniques (par exemple l'augmentation des taux d'implantation ou la fécondation d'ovocytes après congélation)?

Vers des solutions raisonnables

Le Comité Consultatif National d'Éthique, se trouvant devant une biologie en pleine évolution, avait proposé un moratoire.

Le Conseil d'État a confirmé les interdictions énoncées ci-dessus et a souligné la nécessité d'une loi dont les principales dispositions seraient les suivantes : 1) Une recherche sur l'embryon ne peut être autorisée que sur avis conforme du Comité Consultatif National d'Éthique. 2) La recherche doit avoir recueilli le consentement libre et éclairé des deux parents. 3) La recherche fait l'objet d'une surveillance par le Comité d'Éthique territorialement compétent. Celui-ci rend compte de ses investigations au Comité National d'Éthique. 4) L'utilisation commerciale et industrielle d'embryons est interdite. 5) La durée de conservation des embryons congelés ne peut dépasser cinq ans. A l'issue de ce délai, les embryons qui n'ont reçu aucune destination seront détruits.

La mort des embryons

Ainsi la destruction, la mort des embryons sont envisagées par les hautes instances qui se sont penchées sur la question. Décision dramatique mais inévitable en l'état actuel des connaissances.

En l'état actuel. On peut en effet espérer que les progrès de la recherche modifieront dans le futur cette situation. La production d'embryons surnuméraires est la conséquence d'une ignorance. Nous ne savons pas congeler les ovules. Dans un avenir plus ou moins éloigné, mais peut-être assez proche, la congélation des ovules sera possible. Dès lors on gardera d'un côté les spermes congelés, d'un autre côté les ovules congelés. Les embryons seront produits un à un en fonction des besoins. Il n'y aura plus d'embryons surnuméraires. Les très graves questions qu'on vient d'évoquer ne se poseront plus.

La stérilité féminine. Les autres solutions

La stérilité féminine est un malheur. Doublement. La jeune femme souffre de ne pas avoir d'enfant. Elle souffre d'être stérile, d'être imparfaite, différente. Ce malheur, ces souffrances expliquent l'essor, le succès des procréations médicalement assistées. Ces procréations médicalement assistées coûtent très cher à nos sociétés et nous posent des problèmes moraux difficilement résolus. Or d'autres solutions existent, à tort oubliées ou négligées.

La prévention de la stérilité. Les stérilités qui conduisent à la fécondation in vitro sont souvent secondaires à des infections de la trompe. Très souvent le traitement de ces infections prévient l'altération grave de la trompe, prévient la stérilité. Mais très souvent, les jeunes femmes concernées, indifférentes ou négligentes, ne consultent pas ou n'appliquent pas les traitements prescrits. Un vigoureux effort d'information, d'instruction est ici nécessaire. Ainsi pourrait être diminuée la fréquence des stérilités, diminuée la fréquence des recours aux procréations médicalement assistées.

L'adoption. Avec la diminution du nombre des naissances, l'adoption est devenue difficile, lente. « Ce fut une grossesse de cinq ans », me disait l'an dernier une jeune femme qui en effet avait attendu cinq ans l'enfant adopté. Mais dans le monde, en Asie, en Afrique, en Amérique du Sud, de nombreux enfants orphelins, abandonnés, sont dans le malheur. Ils sont parfois l'objet des manœuvres de certaines chaînes commerciales.

La question mériterait, semble-t-il, une étude sérieuse des grandes organisations internationales, Croix-Rouge Internationale, Organisation Mondiale de la Santé. De nouvelles méthodes, de nouvelles procédures devraient être mises au point. Ainsi pourraient être atténués deux malheurs, le malheur des femmes stériles, le malheur des enfants abandonnés du tiers-monde.

CHAPITRE IV

Maîtrise de l'hérédité

2. MAÎTRISE DE L'HÉRÉDITÉ

Introduction

Depuis le commencement des temps, l'évolution des êtres vivants a été gouvernée par deux faits : 1) la sélection naturelle qui condamne le faible et l'inadapté, 2) l'obéissance passive des êtres vivants aux règles imposées par leur patrimoine héréditaire. Ces faits, en vérité, ces lois fondamentales de la vie, ne défendent pas l'individu mais seulement la survie de l'espèce.

L'homme arrivé très tard dans cette histoire est, selon l'heureuse expression de Jean Hamburger, entré en rébellion contre ces lois naturelles. Cette rébellion, cette liberté d'agir, s'allie à une puissance croissante d'action. La maîtrise de l'hérédité a ici valeur de modèle. Il est possible de reconnaître, très tôt pendant la vie utérine, de graves maladies héréditaires. Il est possible de reconnaître, à la naissance, la prédisposition à d'autres redoutables maladies. Il est déjà possible de modifier par génie génétique le patrimoine génétique des êtres vivants.

Le dur désir de durer, dont parlait déjà Eluard, peut être satisfait par ces nouveaux pouvoirs, ces nouvelles maîtrises. Mais de nouvelles responsabilités apparaissent.

Le diagnostic prénatal

Chronologie – Méthodes

Trois périodes. Longtemps la vie a commencé à la naissance. Cette définition inspire encore l'état civil et a longtemps eu pour conséquence l'absence ou l'insuffisance de la surveillance de l'enfant in utero. Lorsque, plus tard, on comprend que la vie commence à la conception, les examens seront tardifs, à la fin de la grossesse, cliniques (palpation, auscultation) et plus gouvernés par la crainte des périls qui menacent la mère que par la crainte des périls qui menacent l'enfant. Puis tout change et depuis une dizaine d'années, le diagnostic prénatal des anomalies congénitales et héréditaires est devenu à la fois fréquent et rigoureux. Ceci, grâce à de nouvelles méthodes.

Méthodes. Ces méthodes peuvent être classées sous deux chefs :

1) *Méthodes permettant de voir l'embryon ou le fœtus.* L'examen aux rayons X, et particulièrement la radioscopie, dangereux car le fœtus est irradié, est peu à peu abandonné.

L'échographie, qui n'utilise pas les radiations ionisantes est très largement employée. Elle permet, à partir de la 12e semaine, le diagnostic de la plupart des malformations externes et internes du fœtus.

L'imagerie par résonance magnétique nucléaire, appliquée tout récemment, va très vraisemblablement compléter utilement les informations apportées par l'échographie. Ceci surtout lorsque sa technique sera améliorée et ne nécessitera plus la longue immobilité du fœtus, donc l'administration de médicament.

L'embryoscopie, à la 10e semaine, permet de bien voir les malformations des membres. Le risque d'avortement est de 5 %.

2) *Méthodes fondées sur le prélèvement de tissus du fœtus et des divers constituants ovulaires.* Ce sont ces méthodes, appliquées beaucoup plus tôt que les imageries, qui ont transformé le diagnostic prénatal.

Le prélèvement de trophoblastes, c'est-à-dire des cellules formant la paroi externe de l'œuf, est fait par biopsie, sous contrôle échographique, à 10 semaines par les voies naturelles, sans anesthésie ni dilatation. Il concerne tout le patrimoine génétique du fœtus. Il est, depuis quelques années, largement utilisé pour le diagnostic précoce des maladies héréditaires, que celles-ci soient indépendantes du sexe comme les maladies de l'hémoglobine, ou liées au sexe comme l'hémophilie.

Le prélèvement du liquide amniotique qui entoure le fœtus (amniocentèse) peut être fait à la 17e semaine. L'analyse du liquide amniotique précise le diagnostic de diverses maladies métaboliques.

Le prélèvement de sang de fœtus, fait sous anesthésie générale, reste très utile. Il permet d'une part l'étude du caryotype, c'est-à-dire des anomalies des chromosomes, d'autre part le diagnostic des maladies de la coagulation comme l'hémophilie, des déficits immunitaires, des fœtopathies.

L'analyse de la peau du fœtus prélevée par biopsie, possible à 22 semaines, reconnaît les redoutables maladies héréditaires de la peau (génodermatoses).

La ponction de l'urine fœtale complète utilement les examens précédents.

Longtemps lourdes, traumatisantes, ces diverses méthodes ont été améliorées. Elles comportent encore, pour la plupart, des risques pour le fœtus et parfois pour la mère. Leurs indications, même si on se limite à ces aspects techniques, doivent être soigneusement précisées.

Conséquences éthiques du diagnostic prénatal

Tout diagnostic médical, à côté des indications de pronostic et de traitement qu'il permet de poser, a des conséquences éthiques. Mais le diagnostic prénatal a des conséquences beaucoup plus lourdes que tout autre diagnostic. Le dialogue qui, une fois le diagnostic posé, s'engage entre le médecin et la personne qui le consulte, concerne ici une troisième personne, l'enfant, et va décider de son destin.

Conséquences simples et heureuses. Assez souvent les conséquences du diagnostic prénatal sont simples et heureuses. Toutes les données recueillies montrent que l'enfant est normal. Les parents, dont l'angoisse était souvent très grande, sont apaisés, rassurés. La grossesse va se poursuivre normalement.

Il faudra dans l'avenir ranger dans cette catégorie heureuse les cas actuellement peu nombreux mais dont la fréquence va augmenter où le diagnostic prénatal permet un traitement efficace appliqué pendant la grossesse.

Conséquences dangereuses. Le diagnostic prénatal pourrait, entre les mains de tel dictateur, permettre de redoutables mesures d'eugénisme, avec les cruelles conséquences que l'on sait.

Il pourrait, quand le sexe de l'enfant à naître sera connu, inspirer aux parents, ou aux sociétés humaines, des interruptions de grossesse, la mort de certains enfants. Ce danger est certain et ne doit pas être méconnu.

Conséquences complexes. Dans d'autres cas les conséquences du diagnostic prénatal sont moins simples. Trois exemples en témoignent. Le premier exemple concerne le mongolisme ou arriération mongolienne. L'examen des chromosomes, fait pendant les premiers mois de la grossesse, reconnaît la trisomie caractéristique. Cet enfant sera sûrement mongolien. Son développement intellectuel sera extrêmement limité. Autrefois il était souvent emporté très tôt par une infection. Aujourd'hui l'enfant mongolien a une espérance de vie assez longue. D'où deux attitudes. L'acceptation par certains, souvent inspirée par leur foi. Ils laisseront la grossesse aller à son terme. Ils se réjouiront des petits progrès de l'enfant, se sacrifieront entièrement pour lui assurer une vie convenable. Le refus par d'autres. Ils rappellent que l'enfant mongolien aura souvent une existence malheureuse, d'asile en asile, que la vie de sa famille, de ses frères et sœurs peut être gravement perturbée. Ils demandent l'interruption de la grossesse. L'observateur qui s'efforce d'être impartial, ne peut ici porter de jugement. Il s'agit de questions graves, relevant de la conscience de chacun.

Le deuxième exemple a été déjà cité au tout début de cet ouvrage, c'est celui des maladies graves de l'hémoglobine, de la thalassémie majeure avec la cruelle intrication des données médicales, biologiques, religieuses, morales, économiques.

Le troisième exemple est tiré de l'histoire d'une

famille hémophile. Une jeune femme de condition très modeste élève avec un courage exemplaire deux fils hémophiles. Survient une troisième grossesse. Le diagnostic prénatal reconnaît un troisième garçon hémophile. Interrompre la grossesse, c'est la mort de ce troisième enfant. La laisser se poursuivre, c'est créer une situation insoluble. Il ne sera pas possible à cette malheureuse mère d'élever trois hémophiles et le risque est grand de voir mourir tel de ces garçons, peut-être les trois. Le débat était rude. Un avortement spontané survint qui mit fin au débat.

Vers des solutions?

Il n'est pas possible d'édicter des règles rigides et définitives. 1) Les questions posées sont souvent déchirantes et doivent être examinées par les personnes concernées au plus profond de leur conscience. La grande diversité des réponses doit être prévue, acceptée. 2) La situation est très évolutive et telle question insoluble aujourd'hui peut être résolue demain par les progrès de la connaissance.

Il n'est donc pas possible d'édicter des règles rigides. Mais il est possible dès maintenant d'édicter les conditions dans lesquelles est conduite la réflexion. De trois façons.

Les centres agréés. La création de centres agréés, déjà envisagée dans d'autres circonstances, est ici hautement souhaitable. Les examens permettant le diagnostic prénatal ont le triple caractère d'être 1) complexes, 2) récemment introduits et donc mal connus de nombreux médecins, 3) point toujours inoffensifs. Ces centres devraient s'assurer le concours de médecins, de techniciens, de biologistes hautement compétents. Ils devraient avoir le monopole des prélèvements, des examens conduisant au diagnostic prénatal. Ainsi les familles pourront être assurées de la qualité des résultats et les risques éventuels seront limités au maximum.

L'information donnée. Toute une chaîne va de la connaissance de l'existence des méthodes de diagnostic prénatal d'une part, à la décision d'interrompre la grossesse d'autre part. La seule révélation de l'existence de méthodes de diagnostic prénatal est déjà un pas important. Ici encore il n'y a pas de solution universelle. Le médecin doit, dans chaque cas, apprécier en profondeur les personnalités de cet époux, de cette épouse qui le consulte. Il leur doit l'information, mais il peut prendre tout le temps nécessaire, il doit donner de longues explications, laisser les délais de la réflexion, comprendre les réactions très variées, toujours faire de son mieux, guidé par l'amour du prochain.

Les questions financières. Elles ne peuvent être éludées. Deux données sont importantes. Toute personne, même de condition très modeste, doit pouvoir bénéficier, lorsqu'elles sont nécessaires, des diverses méthodes du diagnostic prénatal.

Tout abus doit être évité et les dépenses des collectivités doivent être limitées.

La prédiction des maladies

La prédiction des maladies à la naissance peut se faire dans trois directions :

1) la révélation (ou la confirmation) d'une maladie

qui sera manifeste très peu de temps après la naissance;

2) la prédiction d'une maladie qui se révélera très tard dans la vie. Ainsi on peut prédire à la naissance une grave maladie nerveuse, la chorée de Huntington, qui ne se révélera qu'après quarante ans. Faut-il alors annoncer le diagnostic et le pronostic fatal aux parents, puis à l'enfant, puis à l'adolescent qu'il sera devenu? Quels seront la conduite, l'accablement, les désordres de cet homme assuré de mourir à quarante ans? Faut-il dissimuler, laisser l'homme concerné se marier, avoir des enfants, puis mourir en laissant en situation parfois précaire, veuve et orphelins?

3) mais la condition la plus importante est la troisième. Elle est la conséquence de la découverte par Jean Dausset du système HLA.

Prédiction des maladies et système HLA

Données scientifiques. Depuis longtemps, depuis Hippocrate, les médecins ont remarqué l'inégale fragilité, l'inégale résistance des femmes, des hommes aux agressions extérieures. Les raisons de ces inégalités étaient inconnues. Et, comme c'est souvent le cas, le vocabulaire s'efforçait de masquer l'ignorance avec des mots, tels que idiosyncrasie, diathèse, intolérance et surtout terrain.

En dépit de cette ignorance, une donnée importante était depuis longtemps acquise. Deux sortes d'états héréditaires doivent être distingués :

1) les maladies héréditaires obligatoires, obéissant rigoureusement aux lois de la génétique mendélienne. Ainsi l'hémophilie, les hémoglobinoses.

2) les prédispositions morbides. Le « terrain » ne suffit pas. D'autres événements, généralement acquis, sont

nécessaires pour que la maladie survienne. Cette définition, postulant l'intervention de plusieurs éléments, s'accorde bien avec le concept de pluralisme des causes, largement développé pour plusieurs maladies (cancers, etc.).

La découverte par Jean Dausset du système de groupes sanguins, de groupes tissulaires HLA, a apporté pour la première fois quelque clarté et des faits précis dans un domaine longtemps resté confus.

L'appartenance à tel ou tel sous-groupe du système HLA définit avec précision, pour certaines maladies au moins, la prédisposition, le terrain, restés confus depuis Hippocrate.

Ainsi le diabète juvénile, le diabète insulino-dépendant de l'enfant se rencontre avec une fréquence toute particulière chez les individus qui appartiennent au groupe HLA DR3 et DR4. Il ne s'agit que d'une prédisposition. La maladie sera ensuite provoquée par un facteur de l'environnement.

Les techniques actuelles permettent de reconnaître ce groupe sanguin à la naissance et même pendant la vie intra-utérine. Il sera ainsi possible d'informer les parents, de leur donner les conseils nécessaires, et très probablement de limiter ainsi la fréquence et la gravité de ces diabètes de l'enfant, de diminuer le malheur des familles atteintes.

Une variété de rhumatisme, la spondylarthrite ankylosante, est associée dans 90 % des cas avec le groupe HLA B27. Mais seulement 1/500 des hommes HLA B27 seront atteints. Il n'existe pas de réel traitement préventif. Mais deux conseils utiles peuvent être donnés : 1) éviter les professions pouvant traumatiser la colonne vertébrale, 2) limiter dans toute la mesure possible les infections intestinales qui favorisent le déclenchement de la maladie.

L'hémochromatose idiopathique, maladie familiale sévère du métabolisme du fer, est associée au groupe HLA A3. Ici des mesures préventives écartent le risque de complications (hygiène alimentaire, diminution des excès de fer par saignées systématiques). Elles doivent être appliquées, dans les familles concernées, aux individus HLA A3.

Questions éthiques

Il est à peine besoin de souligner l'importance des progrès liés à la naissance, puis au développement de la médecine de prédiction. Pour la personne concernée, pour sa famille, la diminution du malheur. Pour les sociétés humaines, la diminution des dépenses de santé, la prévention des maladies coûtant beaucoup moins que leur traitement.

Mais ces progrès posent aussi des questions éthiques et ces questions sont aussi de deux ordres, les unes concernent la personne elle-même, les autres la personne dans ses rapports avec la société.

Le jeune homme, la jeune fille, brusquement informés, prenant conscience de leur fragilité, peuvent être profondément troublés. Ils peuvent ne pas mesurer exactement l'étendue du risque. Les conséquences pour leur santé future de la prédiction sont bonnes; les conséquences de la même prédiction pour leur équilibre moral présent peuvent être fâcheuses. Le rôle du médecin ici est important. Il devra, en de longs entretiens, donner les explications indispensables, bien faire la distinction entre l'obligatoire inévitable et le possible qu'on peut éviter ou limiter.

D'autres questions sont posées du côté des sociétés humaines. Plusieurs firmes étrangères ont demandé, au moment de l'engagement d'un nouveau membre de leur personnel, à connaître son groupe HLA. Ceci pour refuser l'embauche s'il s'agit d'un groupe HLA comportant des risques. Le Comité Consultatif National Français d'Éthique, interrogé, a rendu, après une étude attentive, un avis très formel. En aucun cas un employeur public ou privé ne doit être autorisé, non seulement à demander (car toutes les hypocrisies sont possibles), mais à posséder des informations sur le groupe HLA de la personne qui souhaite être engagée.

Cette interdiction, moralement fondée, unanimement acceptée, a valeur générale. Quelques cas particuliers méritent pourtant d'être signalés. Ainsi le benzène (ou benzol) employé dans diverses industries, telles les industries du caoutchouc (pneumatiques, imperméables) peut provoquer des désordres sanguins graves (anémies, leucémies) chez certains ouvriers le maniant. Chez certains, pas chez tous. Ces désordres sanguins ne sont observés que pour 5 à 10 % des ouvriers exposés. Les raisons de cette fragilité sont inconnues. Tout permet de penser qu'elles seront un jour découvertes, appartenance à tel groupe HLA, ou autre facteur de prédisposition.

Supposons reconnue cette prédisposition. Elle devrait être signalée. Ce qui conduirait à éviter à l'ouvrier fragile le risque d'une maladie professionnelle et par exemple à le placer dans un des ateliers de l'usine où le benzène n'est pas employé.

Un médecin du travail, au statut amélioré, ne dépendant plus directement du chef d'entreprise, pourrait dans l'avenir concilier deux devoirs, le respect de la personne, la nécessaire protection des ouvriers exposés à des dangers professionnels.

Génétique et identité

Trois étapes

1) En 1900, Karl Landsteiner découvre les premiers groupes sanguins, les groupes sanguins du système ABO. Il annonce prophétiquement qu'un jour viendra où les groupes sanguins définiront chaque homme mieux que les empreintes digitales.

2) Cette prophétie est, en cette fin du XXe siècle, devenue vérité. Ceci grâce aux travaux de Jean Dausset poursuivis depuis 1950, grâce à la découverte du système de groupes HLA. Le système HLA est d'une extrême complexité. On compte actuellement plusieurs centaines de millions de combinaisons de ce système. Si l'on ajoute à ces centaines de millions de combinaisons les groupes antérieurement connus ABO, Rhésus, etc., on parvient à des milliards de milliards. Depuis qu'il y a des hommes et tant qu'il y en aura, il ne s'en trouvera jamais deux pareils (réserve faite des jumeaux vrais). Chaque homme est un être unique, différent de tous les autres hommes.

Les caractères sanguins se transmettent selon les lois de l'hérédité mendélienne.

3) Plus récemment ont été reconnus les diversités, le polymorphisme des acides nucléiques, constituants essentiels de nos cellules et surtout de l'acide désoxyribonucléique ou ADN. Ceci grâce à des méthodes utilisant des sondes moléculaires, des techniques d'amplification qui permettent d'obtenir, à partir de quantités très minimes d'ADN (quelques cellules voire une seule cellule), une quantité très importante de la région de l'ADN utile pour l'étude des polymorphismes.

Les diversités, les polymorphismes mis en évidence sur les ADN ne sont pas plus riches d'information que les diversités, les polymorphismes des groupes sanguins du système HLA. Mais l'ADN est présent dans toutes les cellules nucléées de l'organisme. Il peut être extrait du sang (même du sang séché), du sperme, des racines de cheveux. Par une analogie abusive avec les empreintes digitales, le terme, peu satisfaisant, d'empreintes génétiques est souvent employé pour désigner les données recueillies par ces nouvelles méthodes.

Conséquences

Ces découvertes ont des conséquences importantes en criminologie et pour les recherches de filiation. Il est désormais possible d'identifier un criminel, par exemple après un meurtre, un viol. Il est possible d'affirmer une paternité avec une certitude quasi absolue.

La première application, l'identification d'un criminel est, dès maintenant, utilisée.

La deuxième application, l'affirmation d'une paternité, pose de très graves et très importantes questions juridiques et éthiques.

Les généticiens, les démographes estiment qu'en Europe occidentale, 5 à 15 % des enfants sont adultérins. Il s'agit donc de nombres élevés même si l'on se limite au taux le plus bas (5 %). Et, aux données biologiques modernes, ne cessent de s'allier des questions d'intérêt, sordides ou non, les vanités blessées, les amours paternelles, maternelles, filiales tragiquement contrariées.

Les juristes français se sont depuis longtemps penchés sur ces questions. Les dispositions légales ainsi préparées concernaient les filiations légitimes et naturelles, les actions en désaveu ou en contestation de paternité. La loi, si elle accorde une large place à la vérité biologique, ne tient pas cette vérité pour exclusive. « A côté de la vérité biologique, il y a aussi la vérité sociologique, la vérité affective, la vérité du cœur. »

Les progrès de la génétique, la possibilité d'affirmer ou d'exclure, avec une quasi-certitude, une filiation doivent inspirer de nouvelles mesures. Il est tout à la fois nécessaire de fortifier, de préciser les règles antérieures et de les étendre, de les adapter en fonction des progrès qu'on vient d'évoquer.

Les principes suivants, moraux, biologiques, juridiques devront être respectés :

1) Seul un magistrat doit avoir pouvoir d'ordonner une enquête génétique relative à une question de filiation. L'identité civile des personnes concernées sera vérifiée au moment des examens. Leur présence simultanée est souhaitable.

2) Demandée par le magistrat, la prescription des examens nécessaires sera rédigée par un médecin.

3) Seuls seront autorisés à pratiquer ces examens les laboratoires hautement compétents ayant reçu un agrément spécial. Ainsi pourra être précisée la valeur des résultats. Valeur assurée pour les groupes sanguins. Valeur parfois discutée pour les acides nucléiques.

4) Devra être rigoureusement contrôlée l'intervention éventuelle de sociétés commerciales ayant pris des brevets concernant ces méthodes de diagnostic. Il paraît souhaitable d'orienter l'activité de ces Sociétés dans d'autres directions (zootechnie, biologie animale...). On doit louer et donner en exemple la conduite d'une de ces Sociétés qui a spontanément

annoncé qu'elle renonçait aux applications humaines de ces méthodes.

Une très grande vigilance dans ce domaine est nécessaire. Des développements inattendus sont possibles liés à tel événement historique. Ainsi, en Argentine, au temps de la dictature militaire, les policiers ont parfois adopté les jeunes enfants des adversaires du régime qu'ils avaient torturés et tués. Depuis la fin de la dictature militaire, les grands-parents et éventuellement un des parents survivants ont cherché à retrouver, à identifier ces enfants perdus. Les méthodes génétiques qu'on vient d'évoquer ont rendu et rendent de grands services.

Génie génétique

Définitions – Méthodes

On décrit sous les noms de manipulations génétiques, d'ingénierie génétique, ou mieux de génie génétique, les méthodes qui se proposent de modifier le patrimoine génétique d'un être vivant.

La stabilité du patrimoine génétique a longtemps été admise, a été acceptée comme un dogme. On sait aujourd'hui (pour reprendre les termes mêmes de François Jacob) que les chromosomes sont en réalité « l'objet de remaniements permanents, que la molécule de l'hérédité est raboutée, modifiée, rallongée, raccourcie, retournée », « notre présence sur cette terre est le résultat d'un immense bricolage cosmique ».

La génétique n'est plus limitée à la seule observation des faits. Elle est devenue une discipline active. Les généticiens peuvent tenter d'obtenir des remaniements, des changements analogues à ceux qui se produisent naturellement ou différents. Ainsi est né le génie génétique, en 1971, dans le laboratoire du professeur Berg, à Stanford en Californie. Très vite il apparaît que le génie génétique (c'est-à-dire la méthode qui modifie le patrimoine génétique d'un être vivant) n'est pas une opération simple, unique. Le vocable génie génétique s'applique en fait à quatre opérations distinctes.

Première opération, organisation du transport du matériel génétique, du gène, dans la cellule que l'on veut transformer. A cet effet ce gène étranger est combiné à un vecteur, un véhicule, habituellement un virus. Ainsi est formé (gène + virus) une chimère moléculaire.

Deuxième opération, transfert effectif de cette chimère moléculaire dans la cellule réceptive.

Troisième opération, permettre au gène, ainsi introduit dans la cellule, de s'exprimer, lui donner les moyens d'agir, d'être fonctionnel. Si le receveur est un organisme unicellulaire, une bactérie, le génie génétique peut s'arrêter là.

La quatrième opération concerne en effet les organismes pluri-cellulaires. La chimère est intégrée à l'ovule fécondé de l'hôte. Ainsi le gène étranger s'associe et s'intègre chimiquement au chromosome de l'ovule. L'individu, qui en résulte, recèle désormais dans ses gamètes ce gène étranger.

Ainsi se succèdent 1) Organisation du transfert. 2) Transfert du gène étranger dans une cellule de l'hôte. 3) Activation, expression de ce gène étranger dans la cellule choisie. 4) Pour les êtres pluri-cellulaires, transformation complète de l'individu par intégration du gène étranger à l'ovule fécondé.

La dernière opération peut provoquer d'étonnantes

modifications du patrimoine génétique. Ainsi l'injection dans un ovule fécondé de souris d'un gène capable de déclencher la production d'hormones de croissance, a permis d'obtenir des lignées stables de souris d'une taille très supérieure à la normale. De telles méthodes conduiront peut-être, dans l'avenir, la grenouille du fabuliste à être vraiment aussi grosse que le bœuf.

Éthique et génie génétique

Le colibacille et le colloque d'Asilomar. Si le colibacille et l'homme ne vivaient pas sur la même planète, les changements du patrimoine génétique de la bactérie ne seraient pas très importants. Mais le colibacille est le commensal de l'intestin de l'homme. Or depuis les fameuses expériences de Stanford en 1971, il est possible d'introduire dans un colibacille un virus de cancer. Il est possible de transformer un colibacille sensible aux antibiotiques en un colibacille résistant aux antibiotiques. Il est possible de faire de ce colibacille un ouvrier de l'industrie pharmaceutique, fabriquant des protéines d'origine humaine, comme l'insuline.

Ces périls, ces espoirs, ces périls surtout suscitent une grande émotion. En 1974, un colloque réunit à Asilomar, petite ville de l'ouest des États-Unis, les spécialistes de génie génétique. Un grand événement se produit. Ces hommes de science prennent conscience collectivement de leur responsabilité. Responsabilité qu'il est difficile d'assumer pleinement au début de recherches dont on perçoit mal les conséquences. C'est ainsi qu'est décidé en commun un moratoire. Pendant deux ans toutes les recherches concernant le génie génétique seront arrêtées dans tous les laboratoires. Ce délai permettra une appréciation plus précise des risques, des relations entre le type d'expérience et le risque, permettra ainsi de mettre en place les protections nécessaires. Le terme moratoire quittait ainsi le langage du droit et de la finance pour entrer dans la langue des biologistes.

La décision d'Asilomar, le moratoire furent critiqués. Et par ceux qui souhaitaient l'arrêt définitif de ce type de recherches. Et par ceux qui redoutaient le retard apporté à la poursuite d'expériences importantes. Mais, en dépit de ces critiques, le moratoire fut généralement appliqué. Quand le moratoire prit fin, les expériences reprirent dans des conditions de protection très rigoureuses.

On s'aperçut au surplus que les craintes avaient été excessives. Le colibacille manipulé n'a plus la vigueur du colibacille naturel. Si, par accident, il quitte les tubes du laboratoire, il ne vit pas longtemps. De même un lion de cirque ou de jardin zoologique, qui s'échappe et retourne en Afrique, a toutes chances d'être dévoré par les lions restés libres.

Le colloque d'Asilomar a cependant vu naître le principe du moratoire scientifique que nous retrouverons.

Les végétaux – Les animaux. C'est probablement en agriculture, dans le domaine de l'élevage, que le génie génétique va, dans un avenir peu éloigné, connaître ses applications les plus importantes.

Bientôt on pourra modifier la nature des plantes, faire en sorte que telle céréale, tel autre végétal cultivé n'aient pas besoin d'engrais. On saura accroître les rendements.

Parallèlement on orientera dans le sens souhaité et les qualités et le développement des animaux d'élevage.

Tout un grand chapitre nouveau de l'histoire de l'humanité va s'ouvrir. Avec certes des dangers et la nécessité de coordonner, d'adapter ces changements. Mais aussi et surtout avec une grande espérance, l'espérance d'assurer l'alimentation des hommes du futur même si leur nombre a beaucoup augmenté.

L'homme. Dans quelle mesure le génie génétique peut-il modifier l'homme? Quel est son pouvoir en la matière? et peut-on le laisser jouer sans limite? Telles sont les importantes questions qui se posent. Il faut tenter d'y apporter des réponses en évitant de confondre ce qui est avec ce qui pourrait être.

Il est très important de bien séparer deux ordres de recherches et, en conséquence, deux niveaux de responsabilité morale.

D'un côté les recherches se proposant de modifier un organe. D'un autre côté les recherches tendant à transformer l'individu tout entier.

Les recherches de la première classe ont pour objet le transfert d'un gène dans les cellules d'un organe, dans les cellules dites somatiques dans le jargon des spécialistes. Ces recherches sont inspirées par l'espoir de corriger, par ce gène introduit, les graves désordres de fonctionnement de cet organe. Ainsi les redoutables maladies héréditaires de l'hémoglobine sont dues à un désordre héréditaire de la moelle des os. On peut espérer, en introduisant un gène étranger, corriger ce désordre et prévenir les maladies de l'hémoglobine. Les premières tentatives n'étaient pas très rigoureuses et ont dû être abandonnées. Mais les travaux en cours laissent espérer des progrès prochains. D'autres maladies telle l'hémophilie, telles les erreurs du métabolisme pourraient dans l'avenir bénéficier de ces progrès.

Il ne semble pas pour cette classe exister de problème éthique important. Un organe seul est corrigé et non pas tout l'organisme. Le transfert d'un gène dans les cellules somatiques d'un individu n'est pas très différent d'une greffe, d'une transplantation d'organes. Avec pourtant une réserve. Du côté du système nerveux. Déjà à propos des greffes d'organes, nous avons indiqué que la greffe de cellules nerveuses (qui commence tout juste) allait poser des problèmes moraux nouveaux.

De même, le jour où le transfert de gène concernera, non pas la moelle osseuse ou le foie, mais le cerveau, une très grave question éthique sera posée. Mais ce jour n'est pas proche. La génétique du système nerveux central est encore mal connue. De longues études sont encore nécessaires.

C'est actuellement la seconde classe de transfert de gène qui suscite les plus fortes émotions, les plus fortes réserves, à savoir le transfert du génome d'un homme sain dans un ovule fécondé. C'est-à-dire la possibilité de changer le patrimoine génétique d'un être humain. Le génie génétique rejoindrait bientôt ainsi les prédictions, les descriptions du Brave New World d'Aldous Huxley. Le généticien pourrait à volonté, dans *le Meilleur des mondes,* fabriquer Charlie Chaplin, Adolphe Hitler ou un champion de saut en longueur.

Dangers. Les dangers ici sont de deux sortes, les uns concernent la société humaine tout entière, les autres l'individu. Pour les populations, les sociétés humaines, ces dangers semblent limités. Comme l'écrit A. Langaney « notre patrimoine est régi par les lois de la stabilité, de l'inertie et des grands nombres. Pour le modifier radicalement, il faudrait recourir à des méthodes systématiques et offensives d'inséminations, de clonages ou de transgénoses incontrôlées. Même dans ce dernier cas le danger ne serait pas bien grand, car la sélection naturelle persisterait et les gènes introduits par transgénose n'auraient pas plus d'effet que les mutations naturelles que nos populations subissent chaque jour sans en être génétiquement altérées pour autant ».

Certes pour le présent. Mais pour un avenir plus ou moins éloigné, on ne peut écarter le développement d'un génie génétique qui débordera la sélection naturelle. Après tout, comme l'a souvent indiqué Jean Hamburger, l'histoire de l'homme est pour une bonne part celle d'une révolte contre la sélection naturelle.

En fait, en l'état actuel, les dangers sont petits pour les populations. Ils restent grands pour l'individu. Cet ovule fécondé est (nous y reviendrons) une personne potentielle. Est-il permis de modifier, par l'introduction de gènes, cette personne potentielle?

Éléments de réponse

Les éléments de réponse sont fournis par des disciplines, par des abords très divers.

L'interdiction de toute *commercialisation* est formelle. La tentation existe. Elle n'a pas toujours été rejetée. Des lois très fermes doivent être établies. De lourdes sanctions doivent être prévues. D'éminents juristes se sont demandé s'il existait une *notion juridique* du patrimoine génétique. Qui en est propriétaire? Certaines sociétés, pour limiter « l'omnipotence de l'individu sur son corps » ne lui ont accordé que l'usufruit, la nue-propriété appartenant à Dieu. Allant plus loin, certains ont donné cette nue-propriété à la collectivité. Le patrimoine génétique individuel n'est qu'un élément d'un patrimoine génétique collectif qui appartient à l'État. Il est à peine besoin de souligner les dangers liés à une telle conception.

« Toutes ces analyses, écrit M. Robert, ont le tort de considérer le corps humain comme une chose alors qu'il est la personne même. » La liberté individuelle physique ne peut guère être réglementée. La réponse ainsi n'est pas trop malaisée et doit être ferme lorsqu'il s'agit d'une personne adulte. Mais l'ovule fécondé? Déjà pour l'enfant dont les parents, par conviction religieuse, refusent les transfusions sanguines nécessaires, la jurisprudence française recommande aux médecins de pratiquer ces transfusions si la vie de l'enfant est en danger. Cet enfant est certes très différent de l'ovule fécondé. Mais la question n'est pas résolue. Les parents ont-ils le droit d'autoriser une opération de génie génétique sur cet ovule fécondé? La société peut-elle approuver leur décision, s'y opposer?

Après le commerce et le droit, la *science.* Les données actuellement établies sont encore imparfaites, incomplètes. D'importantes recherches sont en cours. Elles doivent être poursuivies, développées. Avant tout chez l'animal. Les hommes de science ont parfois reproché aux moralistes, aux philosophes de vouloir ralentir leurs travaux. Les moralistes, les philosophes ont accusé les généticiens de les mettre en présence de faits accomplis, de proposer et de disposer tout à la fois. Reproches et accusations devraient être injustifiés. Nous traitons de problèmes entièrement nouveaux, de problèmes sans précédents. Le monde scientifique souhaite être aidé dans ses recherches par des guides éthiques. Il n'est pas de groupe social ou professionnel plus éclairé que les autres en la matière. Un travail d'analyse et de réflexion doit être mené du côté de la nation, du côté international.

Tout ceci avec prudence, avec modestie. Il n'est pas possible en l'état actuel de proposer des solutions bonnes et définitives. Le domaine considéré est en pleine évolution. Toute ouverture non contrôlée, toute fermeture rigoureuse serait en l'état actuel prématurée. Les risques liés au génie génétique sont certains. Ils sont probablement très inférieurs à ceux liés aux facteurs de destruction que nos sociétés acceptent avec complaisance, l'alcool, le tabac, l'automobile.

CHAPITRE V

Maîtrise du système nerveux

3. MAÎTRISE DU SYSTÈME NERVEUX

Vers la maîtrise du maître

Les fonctions de reproduction des mammifères, les fonctions de reproduction de l'homme sont assez pareilles. Les caractères héréditaires, tels les groupes sanguins, persistent après la mort. Une équipe canadienne, étudiant la momie du tisserand Nakcht qui vivait au temps de Ramsès II, a montré que le tisserand appartenait au groupe sanguin B. Or Nakcht est mort depuis trente-trois siècles. C'est par son cerveau que l'homme se distingue de l'animal. C'est par son cerveau que l'homme vivant se distingue de l'homme mort. Le cœur peut battre. Le poumon peut respirer. Si le cerveau est mort, cet homme est mort. La mort de l'homme en cette fin du XXe siècle est la mort du cerveau.

Ainsi des trois maîtrises étudiées ici, c'est la maîtrise du système nerveux qui est la plus importante; ce qu'avaient déjà perçu Descartes avec le Cogito, Paul Valéry avec le « Maître cerveau sur son homme perché ». Cette maîtrise du système nerveux est à la fois la plus importante et la moins assurée. Longtemps elle a été tenue pour impossible. Comment être à la fois sujet et objet? En dépit de ces difficultés, un long courant de recherches n'a cessé de se développer, de s'étendre depuis le temps de la médecine égyptienne.

L'expansion des neuro-sciences

Les sciences qui ont le système nerveux pour objet, les neuro-sciences, sont en plein essor. Longtemps elles ont été doublement limitées. Par l'insuffisance de leurs méthodes. Par la persistance de dogmes vitalistes tel celui qui invoquait la fameuse vis a tergo. Elles sont inspirées aujourd'hui par la rigueur de la physiologie, héritée de Claude Bernard, par le langage, l'esprit, les techniques de la biologie moléculaire, de la génétique.

Ainsi la physique, la chimie du cerveau de l'homme commencent d'être connues. Ainsi apparaissent tout à la fois de nouveaux périls et de grandes espérances. Et la nécessité d'une attentive vigilance éthique.

Les nouveaux périls. L'expansion des neuro-sciences se fait en surface et en profondeur. En surface, avec l'annexion de domaines nouveaux. Ainsi la mort n'est plus la mort du cœur mais la mort du cerveau. Ainsi la vieillesse devient affaire de molécules nerveuses. Ainsi les relations entre parents et enfants pourraient être entièrement gouvernées par les données des neuro-sciences. En profondeur. Certains neuro-biologistes, pareils aux scientistes du début du siècle, pensent avoir réduit toutes les questions que pose l'homme aux molécules qu'ils étudient.

Ces progrès, ces concepts sont longtemps restés assez confidentiels. Ils commencent d'être connus par les individus troublés dans leur comportement, absorbant sans discernement les médicaments venus de ces progrès, connus aussi par les chefs d'État, prêts parfois à abuser des dangereux pouvoirs que leur donnent les neuro-sciences.

De grandes espérances. En cette fin du XXe siècle, alors que de nombreuses maladies longtemps mortelles peuvent être vaincues ou prévenues, les psychoses, les névroses demeurent très préoccupantes. Par leur fréquence, par leur gravité, par leur diversité. Certes les progrès de la psycho-sociologie, de certaines méthodes psychologiques ont permis d'obtenir des améliorations. Mais la situation reste très sérieuse. Les maladies de l'esprit causent fréquemment le malheur des hommes.

La connaissance améliorée de la biologie des cellules nerveuses à l'état normal et dans les maladies, la mise au point de médicaments efficaces ont déjà permis d'utiles applications. Les progrès vont continuer. Dès le début du prochain siècle le malheur des hommes, grâce à ces progrès, va diminuer.

Dans un domaine à la fois plus général et plus personnel, le vieux débat entre matérialistes et spiritualistes prend, grâce aux progrès des neuro-sciences, une forme nouvelle.

Comme l'écrit France Quéré : « Pour nous sortir de l'embarras, nous considérons que ce que nous appelions un dilemme représente plutôt un monopole de notre intelligence. Illuminée depuis tant de siècles par le précepte socratique : " Connais-toi toi-même ", celle-ci jouit de la propriété étonnante qui lui fait distinguer en elle un sujet perçu et un sujet capable de cette perception. La sagesse antique a transmis à la science actuelle une démarche qui, en passant de la philosophie à la physiologie n'altère pas sa valeur. »

De la philosophie à l'éthique

Les questions que posent aux hommes, aux sociétés humaines, les progrès des sciences du système nerveux sont importantes et malaisées. Rien ne serait plus dangereux que de prétendre régler les problèmes fondamentaux par telle ou telle interprétation de tel ou tel progrès scientifique. Rien, en revanche, de plus important que de tenter de préciser la démarche éthique, c'est-à-dire de fixer les règles d'une bonne conduite, de limiter les périls sans limiter les espérances. Cette démarche est ici facilitée par la chronologie. Pour la maîtrise de la reproduction, pour la maîtrise de l'hérédité, la réflexion éthique, les recommandations qu'elle inspirait arrivaient bien tard, alors que s'étaient déjà développées les conséquences, les applications des progrès biologiques. Pour la maîtrise du système nerveux, les progrès de la connaissance, les progrès de la réflexion éthique peuvent aller de pair. Avec comme devoir commun, quelle que soit la position personnelle du moraliste, le respect de la personne, de sa dignité, de sa liberté.

Changer le cerveau

La médecine corrige ou remplace. Ainsi l'homme peut changer le cerveau, soit en le corrigeant, en le modifiant, soit en organisant son remplacement.

Corriger, modifier le cerveau. On peut corriger, modifier le cerveau soit par la chirurgie, soit par la chimie, soit par des méthodes dites psychologiques.

Psycho-chirurgie. Dès 1935, Egas Moniz, chirurgien de Lisbonne, traite certaines psychoses par l'incision du lobe frontal du cerveau. Ainsi naît la psycho-chirurgie. Egas Moniz reçoit en 1949 le prix Nobel. La première période de la psycho-chirurgie est triomphale et insouciante. Puis vont se succéder une deuxième période encore hardie mais déjà plus prudente, le temps du recul, une quatrième période, moins ambitieuse, plus savante, plus physiologique.

De sérieuses difficultés persistent. Difficultés physiologiques d'abord. La médecine expérimentale, telle que la créa Claude Bernard, avait, par l'étude des animaux et pour différents viscères, glandes endocrines, poumons, cœur, apporté aux chirurgiens les informations nécessaires. Les différences fondamentales qui séparent le cerveau de l'homme de celui de l'animal privent les psycho-chirurgiens de ce recours expérimental. Ils se trouvent placés devant un dilemme redoutable. Leur ignorance, ou plutôt l'insuffisance de leurs connaissances, ne leur permet pas d'opérer avec sécurité. Mais ils ne progresseront et ne corrigeront leur ignorance qu'en opérant.

Difficultés éthiques aussi. Deux tendances parmi les médecins, les chirurgiens, les moralistes. Les uns raisonnent en droit et avoir, en comparant pour un malade donné les avantages et les inconvénients de l'acte opératoire. Ils estiment par exemple que le soulagement apporté à des douleurs intolérables, la correction de troubles névrotiques graves justifient le risque d'un changement mineur de la personnalité. Les autres vont pensant que ce raisonnement, cette balance sont valables pour toutes les branches de la chirurgie, sauf pour la psycho-chirurgie. Ils admettent que la personnalité est un tout psychologique dont on ne peut changer une partie sans modifier l'ensemble. Cette discussion est initialement assez proche de celle que suscite le recours aux médicaments psychotropes.

Mais l'éventuelle irréversibilité des désordres induits par le chirurgien crée une situation différente.

Psycho-pharmacologie. Les changements induits par les substances chimiques, par les médicaments sont en effet assez souvent temporaires, réversibles. Longtemps la chimie du cerveau est restée ignorée. En ces trente dernières années toutefois, deux grands courants de recherche transforment cette situation, limitent cette ignorance, le courant inspiré par les essais de traitement chimique des malades de l'esprit, le courant de la psycho-pharmacologie d'une part, et, d'autre part, le courant des transmetteurs chimiques de l'information nerveuse. Ces deux courants se rapprochent, confluent, se fortifient l'un par l'autre.

La boisson trouble la cervelle faible et malheureuse des héros d'Othello. On sait depuis longtemps que quelques centigrammes d'extrait thyroïdien transforment une dame paisible en une mégère agitée. On a plus récemment reconnu la complexité, la diversité de l'action qu'exercent sur le système nerveux de nombreuses substances chimiques. Tout a commencé par la grande découverte due à Bernard Halpern des médicaments anti-allergiques. Les premières molécules créées n'étaient pas seulement anti-allergiques. Elles exerçaient aussi une action sur le système nerveux. Une science neuve était née, la psycho-pharmacologie dont Jean Delay, Pierre Deniker et leurs élèves furent les pionniers.

Certaines données furent peu à peu établies. Des corrélations existent entre la forme chimique du médicament et l'action exercée sur le système nerveux. L'action des médicaments est tantôt assez générale, tantôt étroitement spécifique, corrigeant ou altérant une fonction nerveuse très précise.

De graves maladies de l'esprit, des psychoses qui rendaient la personne atteinte dangereuse pour elle-même et pour les siens sont transformées par les agents chimiques. Les effets de ces médicaments ne sont pas tous heureux. Des incidents, des accidents sont très vite signalés.

Limités d'abord aux maladies graves, ces essais ont ensuite été étendus à des désordres mentaux modérés, à des troubles du comportement. La balance entre avantages et inconvénients devient plus difficile encore puisqu'il ne s'agit plus d'éviter les dangers d'une maladie grave.

L'étape suivante pourrait être l'application de ces méthodes psycho-chimiques à des personnes saines ou presque saines dont on veut modifier le caractère.

La Fontaine chantait la messagère des Dieux venue apprivoiser le dragon : « Dragon, gentil dragon à la gorge pendante. » Les essais neuro-physiologiques modernes ont fait connaître l'importance du rôle des messagers chimiques (neuro-transmetteurs, médicaments) qui transportent l'information tout au long du système nerveux et apprivoisent de nombreux dragons.

Ainsi deux grands courants de la recherche neurochimique moderne ne cessent de s'allier avec une double espérance :

1) la préparation de médicaments, de molécules thérapeutiques, plus spécifiques, d'action plus précise;

2) l'amélioration de notre connaissance des événements cellulaires et moléculaires, témoins du transfert de signaux de nature, de durée variable.

Avec aussi deux préoccupations, deux inquiétudes, ici encore l'une scientifique, l'autre éthique :

1) L'inquiétude scientifique peut être apaisée, limitée. Certes les esprits chagrins font remarquer que les

promesses de 1960 ne sont pas tenues. « Ce sont toujours les mêmes séries chimiques que vous exploitez, les mêmes désordres mentaux que vous traitez, les crises surtout. Les grandes maladies de l'esprit sont améliorées mais ne sont pas guéries par les médicaments nouveaux. Faut-il vraiment continuer dans cette voie de la pharmacologie qui est peut-être une impasse? »

Les faits sont exacts, les conclusions abusives. L'accélération de l'histoire de la médecine ne justifie pas les impatiences excessives. Trois quarts de siècle séparent les travaux de Pasteur de la découverte des sulfamides, des antibiotiques. Et les cancérologues connaissent bien cette alternance de progrès, de stagnation, de progrès encore qui jalonne leurs recherches. De nouveaux et heureux développements, de nouveaux progrès de la psycho-pharmacologie peuvent être légitimement espérés. Ces progrès permettront-ils une thérapeutique chimique de la totalité ou de la quasi-totalité des maladies de l'esprit? Des limites seront-elles rencontrées? Faudra-t-il associer ces thérapeutiques à d'autres mesures? Le prochain demi-siècle apportera probablement les réponses souhaitées. Comme l'écrit France Quéré « Longtemps la médecine n'a su qu'enchaîner ses déments; aujourd'hui elle les calme; elle entrevoit déjà de les guérir ».

2) L'inquiétude éthique ne peut être aisément apaisée. Certes les progrès espérés limiteront les conséquences aujourd'hui fâcheuses de certaines psycho-pharmacologies. Ceci en raison de l'effort des neurologues, des pharmacologues du côté de la spécificité. Mais c'est justement ces progrès, cette spécificité qui préoccupent les moralistes. Lorsqu'on saura que telle molécule agira exactement sur telle fonction de l'esprit, sur tel comportement, l'homme aura réellement

acquis la maîtrise du cerveau, le pouvoir de changer son propre cerveau, le pouvoir plus redoutable de changer le cerveau de son prochain. Le dictateur du futur, l'Hitler du XXIe siècle souhaite transformer pour les besoins de sa politique, ses sujets en tigres ou en moutons. Quelques molécules efficaces sont discrètement introduites dans l'alimentation desdits sujets. Et le dictateur dispose de 80 millions de tigres, de 80 millions de moutons.

Les conséquences individuelles, moins graves pour l'avenir des Sociétés, sont très inquiétantes aussi. Les Alceste, les Philinte, les Athalie de l'avenir pourront-ils être changés par quelques gouttes ou quelques comprimés? L'amour, la haine, la jalousie, l'hypocrisie dépendront-ils du pharmacologue? Ces rudes questions sont assurément prématurées, excessives. Il n'est pas inutile de les poser.

Psychologie, psycho-sociologie. « Lorsque le physicien se désespère, le psychologue est plein d'assurance », écrivait, dès 1902, Paul Valéry. Mais même lorsque le physicien ou plus exactement le neuro-biologiste reprend espoir, le psychologue reste plein d'assurance.

Les progrès de notre connaissance des maladies de l'esprit, et partant de leur prévention, de leur traitement, dépendent pour une large part des progrès de la neuro-biologie, mais pour une part aussi des recherches psycho-sociologiques, psychologiques. L'histoire d'Œdipe sera, dans le futur, examinée à l'aide des méthodes de la neuro-chimie d'un côté, mais aussi d'un autre côté par l'étude des relations d'Œdipe avec les divers membres de sa famille.

Les recherches expérimentales envisagées posent des problèmes éthiques lorsque par exemple on veut faire varier les divers éléments de l'environnement. Ceci chez des personnes souffrant de psychoses, de névroses, ou chez des témoins en bonne santé.

Les méthodes dites de lavages de cerveau, utilisées par certains régimes dictatoriaux, pour limiter l'action de leurs adversaires n'appartiennent pas à la recherche scientifique et doivent être sévèrement condamnées.

Entre ces méthodes condamnées et la recherche moralement acceptable, existent de nombreuses situations intermédiaires. Une vigoureuse vigilance est ici nécessaire.

Remplacer le cerveau

« Au mieux vous aurez greffé un corps à un cerveau. » Cette apostrophe déjà évoquée d'un éminent neurologue définit assez bien les essais de greffe totale de cerveau. En l'état actuel, cette greffe totale ne paraît pas possible. Aux difficultés immunologiques communes à toutes les greffes, s'ajoutent des difficultés techniques touchant les connexions nerveuses et vasculaires qui n'ont pas encore été résolues. Certes les physiologistes savent, dans certaines conditions, transplanter la tête d'un animal à un autre animal. Il s'agit là d'acrobaties expérimentales de courte durée. Et l'apostrophe du neurologue traduit bien le respect que l'on porte au cerveau, le cerveau définit l'homme, la personne.

Ainsi la greffe *totale* du cerveau est à la fois très difficile, voire impossible et illogique. Mais des greffes de *cellules nerveuses* sont, dès maintenant, possibles.

Les expérimentateurs ont réussi de telles greffes chez l'animal, avant tout sur des rongeurs mais aussi sur quelques singes. Ces recherches, utilisant surtout des cellules nerveuses embryonnaires, ont établi les faits suivants :

1) La greffe de tissus nerveux est mieux tolérée que celle d'autres tissus (peau, reins, etc.), probablement parce que les lymphocytes et autres cellules responsables des rejets sont peu nombreux dans le système nerveux central.

2) Les greffons ne se comportent pas comme des corps étrangers mais peuvent s'insérer dans les réseaux nerveux de l'hôte.

3) Les cellules nerveuses greffées gardent leurs fonctions, conservent leur propriété de neuro-transmetteurs.

4) Ces cellules nerveuses greffées peuvent, chez l'animal, littéralement remplir un vide, c'est-à-dire exercer des fonctions que le cerveau-receveur ne remplit plus, qu'il s'agisse de troubles génétiques ou d'altérations provoquées par l'expérimentateur.

Les cellules nerveuses greffées apportent les substances chimiques manquantes ou suscitent la reconstitution de structures détruites.

Ces données expérimentales très remarquables ont inspiré des tentatives de greffes chez l'homme malade avec l'espoir de corriger de graves désordres telle la maladie de Parkinson. Certaines cellules de la glande surrénale, très proches des cellules du système nerveux, fabriquent des substances chimiques proches de celles qui manquent au cours de la maladie de Parkinson. Les mêmes cellules greffées dans le système nerveux du malade sont peut-être capables de relancer en quelque sorte le fonctionnement altéré des cellules de l'hôte.

Les cellules greffées, ou bien sont celles de la glande surrénale du malade, ou bien sont des cellules de glandes surrénales d'un fœtus juste mort, ou encore (et pour un tout petit nombre de tentatives) des cellules nerveuses de fœtus morts.

Tour à tour se sont succédé des relations optimistes décrivant de remarquables succès, des critiques sévères. Les résultats actuels sont incertains, peu démonstratifs mais la voie ouverte est très importante. De sérieux espoirs peuvent être conçus pour l'avenir – non seulement pour la maladie de Parkinson – mais aussi pour d'autres maladies dégénératives du cerveau.

Du côté de l'éthique, trois commentaires peuvent être proposés :

1) De nouvelles études expérimentales sont nécessaires avant que puisse être envisagée une extension des greffes de cellules nerveuses chez l'homme. Il serait immoral de développer ces tentatives humaines tant que demeureront incertitudes et craintes.

2) L'utilisation, pour les greffes, de fragments de cerveaux prélevés sur des fœtus morts, si elle se confirme, doit faire l'objet d'une sérieuse réflexion éthique. Le tissu nerveux et les autres organes du fœtus sont-ils, pour le moraliste, analogues ou différents? La chronologie du développement de ces cellules nerveuses pose-t-elle des problèmes particuliers? Peut-on, comme certains pays l'ont envisagé, prévoir une planification de ces prélèvements?

De quelques centaines on passera à quelques millions, puis à quelques milliards. D'un territoire minime à un territoire plus étendu. Les limites de cette extension éventuelle ne peuvent être fixées actuellement

3) Donc d'un côté de sérieux progrès, l'espoir de limiter par ces greffes les conséquences cruelles de maladies graves. D'un autre côté de difficiles questions posées. Ces greffes, lorsque le nombre de cellules transplantées est très élevé, lorsque les territoires concernés sont le siège de hautes fonctions, sont-elles

capables de changer la personne? Devront-elles toutes être autorisées? Des limitations de quantité et de topographie seront-elles nécessaires? Il serait prématuré de tenter une réponse; mais il est important de surveiller avec grande attention le développement des recherches en cours.

Dans son remarquable ouvrage, Guy Lazorthes décrit, en quelque sorte, les vies parallèles du cerveau humain et de l'ordinateur. Pourra-t-on un jour relier à un ordinateur un homme dont le cerveau est malade et demander à l'ordinateur de suppléer ce cerveau, comme le rein artificiel exerce les fonctions du rein défaillant? Pourra-t-on introduire un ordinateur de dimensions très réduites dans le corps de cet homme comme on introduit aujourd'hui certains stimulateurs du cœur? Quels seront alors les rapports de cet homme avec l'ordinateur? Des formes variées d'ordinateur suppléant pourront-elles être prévues? Ce sont là questions pour les moralistes du XXIe siècle. De bien difficiles questions.

Passons au XXIIe siècle. Pourra-t-on un jour fabriquer un nouveau cerveau? Plus précisément pourra-t-on orienter la différenciation, la spécialisation de cellules non différenciées de l'organisme et transformer ces cellules indifférenciées en cellules nerveuses?

La première cellule, l'œuf juste fécondé, contient en puissance tous les tissus de l'adulte futur et son cœur, ses reins, son foie, son système nerveux. Les embryologistes commencent de comprendre les mécanismes de ces changements appelés différenciation. Ils ont reconnu certaines des substances (ou inducteurs) qui gouvernent ces différenciations. Ils sont parvenus pour certaines espèces animales inférieures, crevettes, écrevisses, à reproduire ces phénomènes, à obtenir la transformation de cellules indifférenciées en cellules différenciées, spécialisées, de foie, de muscle, de tissu nerveux.

De l'invertébré, de la crevette, de l'écrevisse à l'homme, la distance est très grande. Elle sera peut-être franchie pendant le prochain siècle. On pourra alors mettre en réserve, pour chaque homme dans sa jeunesse, une certaine quantité de cellules indifférenciées et les inducteurs nécessaires. A l'approche de la vieillesse, on injecterait systématiquement la quantité voulue de cellules indifférenciées, les inducteurs nécessaires. Ainsi pourrait être formé de nouveau un cerveau suppléant le cerveau normal défaillant.

Ici intervient à nouveau l'éminent neurologue déjà cité : « Au mieux, dit-il, vous aurez formé un cerveau de nouveau-né. » Ce qui, après tout, ne serait pas si mal. Mais l'objection du neurologue est forte et vraie. Le foie, le cœur de l'adulte ne diffèrent pas fondamentalement du foie, du cœur du nouveau-né. Le cerveau, organe de relation, subit après la naissance et pendant les premiers temps de la vie surtout, de profondes transformations. Si les fictions qu'on vient d'évoquer devenaient un jour vérités, des questions très neuves, très singulières se trouveraient posées.

CHAPITRE VI

L'enfant

Introduction

Nos enfants
Dit la fiancée
Seront plus beaux, plus beaux encore
Hélas la bague était brisée
Que s'ils étaient d'argent ou d'or

Auront meilleur odeur encore
Hélas la bague était brisée
Que le lilas qui vient d'éclore

La mort des enfants, jusqu'à notre temps, a été fréquente, commune, constatée, acceptée par les poètes et par les autres.

« La moitié meurt avant un an dans la misère.
Sans compter les mort-nés bons à cacher sous terre », écrivait Jules Laforgue.

Tout a changé depuis cinquante ans. Les progrès de la médecine ont transformé le destin des enfants. Les enfants ne meurent plus ou presque plus. Le bouleversement heureux, longtemps souhaité en vain, cette victoire sur la mort ont profondément transformé aussi les mères, les pères, les médecins, la Société tout entière. L'enfant du passé était certes aimé mais il était probablement éphémère. Il appartenait à une série de frères et sœurs prêts à le suppléer lorsqu'il disparaissait. L'enfant de notre temps est un être unique, irremplaçable qui ne meurt plus pendant l'enfance, qui ne doit plus mourir. Tout a changé. Pas complètement. Restent encore quelques maladies incurables et surtout de graves malformations, des infirmités du corps et de l'esprit, cruelles et définitives.

Comme l'écrivent M. Azoulay et P. Jouannet « L'être humain est décortiqué, molécule par molécule, jusqu'à son identité génétique, mais on se sent toujours désemparé devant la mort d'un nouveau-né. »

Les médecins et d'une façon plus générale nos sociétés supportent mal ce contraste entre les succès habituels et certains échecs persistants. Ainsi sont créées des tensions qui suscitent des tentatives thérapeutiques hardies, parfois téméraires.

Les ambitions s'étendent. L'enfance autrefois commençait à la naissance. Elle commence aujourd'hui à la conception. Le fœtus était négligé; il est désormais l'objet de grandes attentions. De doubles attentions. Comme fœtus proprement dit et comme futur homme. Il est à la fois tantôt menacé lorsque son état paraît désespéré à court ou à long terme, tantôt protégé, aidé, utilement soigné. La maladie, la mort d'un vieillard sont des événements tristes mais attendus. La maladie, l'infirmité, la mort d'un enfant sont des scandales inacceptables. Ainsi la biologie, la médecine des enfants portent une charge d'émotion très forte. Toute éthique est nécessairement inspirée par l'amour du prochain. Plus qu'aucune autre l'éthique de l'enfant malade est soumise à cette nécessité.

L'enfant est par définition un être en développement. Son corps change et la biologie, la médecine tiennent compte de ces changements. Son esprit mûrit, plus vite que ne le croient les adultes et l'éthique doit tenir compte de cette maturation. Ainsi les questions éthiques posées pour l'enfant par les progrès des sciences de la vie et de la santé sont très particulières. Elles concernent un être précieux plus que tout autre, changeant, totalement immature ou parfois déjà mûr.

Quelque peu négligées dans le passé, ces questions ont fait l'objet de recommandations lors des deux réunions de l'Assemblée Mondiale de la Santé à Helsinki en 1964, à Tokyo en 1976. Elles ont été le motif en 1982 d'un colloque réunissant les responsables de l'Association Internationale de Pédiatrie et du Centre International de l'Enfance. Les rapports et discussions de ce colloque ont été publiés dans un ouvrage *Éthique et Pédiatrie* sous la direction de P. Royer et J. Guignard. Elles ont plus récemment été le thème principal des études du Comité Consultatif National d'Éthique (1989-1990), études conduites par P. Royer.

Classement

Les questions réunies sous le titre *Éthique et Pédiatrie* peuvent être, en fait, classées sous trois chefs.

1) A une première classe appartiennent les questions très générales déjà évoquées dans les chapitres consacrés aux deux grandes maîtrises, maîtrise de la reproduction, maîtrise de l'hérédité.

2) Une deuxième classe assemble les questions déjà examinées pour l'adulte mais qui se présentent sous des formes différentes pour l'enfant, tels les essais thérapeutiques, les recherches psychiatriques.

3) Enfin une troisième classe est propre à l'enfance.

Telles sont les difficiles et très spécifiques questions posées par la médecine et la chirurgie du fœtus, par la réanimation néo-natale.

Essais thérapeutiques

En 1947 la leucémie aiguë tue en deux ou trois mois tous les enfants qu'elle frappe. En 1990, la guérison des enfants leucémiques est obtenue dans les deux tiers des cas. Les médecins qui ont mené ce combat ont eu fréquemment à résoudre, ou à tenter de résoudre, de rudes questions éthiques.

Légitimité du traitement. Première question. L'essai de traitement d'un enfant condamné est-il légitime? La question, en fait, s'est posée deux fois.

Lors de la première tentative thérapeutique en 1947 d'abord. La leucémie aiguë de l'enfant était alors tenue non seulement pour une maladie fatale mais pour une maladie à tout jamais irrémédiable. Les données scientifiques qui inspiraient cette première tentative étaient à la fois fortes du côté des concepts mais moins assurées du côté de l'expérience. Les médecins responsables ont conté leurs incertitudes, leurs hésitations. L'essai thérapeutique fut décidé. Une rémission pour la première fois dans l'histoire des leucémies fut obtenue.

La deuxième question s'est posée aux médecins pendant les trente années qui suivirent cette première tentative. Pendant trente ans le traitement peut au mieux retarder la mort, prolonger l'évolution. Il ne peut empêcher la mort. Parents et médecins ont, après 1947, pendant trente ans, affronté cette cruelle situation, tenté de résoudre ce cruel dilemme. Ne pas traiter, demeurer les témoins inactifs et désespérés d'une évolution douloureuse, rapide, fatale. Traiter, soumettre l'enfant à un traitement éprouvant qui supprime ses douleurs mais provoque parfois d'autres souffrances, obtenir une rémission de bonne qualité. L'enfant reprend une vie normale pendant quelques mois. Mais les rechutes sont inéluctables et fatales.

En faveur de l'abstention, l'impuissance finale. En faveur de l'action, l'espoir des progrès de la recherche thérapeutique pendant la période de rémission.

« Je n'entreprends jamais le traitement d'un enfant leucémique sans penser qu'il sera peut-être le premier enfant leucémique guéri », disait déjà vers 1955 un grand médecin américain.

Le médecin qui hésite pense aussi aux médecins du futur, aux enseignements qu'apporte le traitement des enfants du présent, à cette chaîne de solidarité ainsi établie entre les générations.

Cette situation cruelle s'est transformée avec les premiers cas de guérison et plus encore avec l'augmentation du taux des guérisons. Aujourd'hui le diagnostic de leucémie entraîne immédiatement l'organisation d'un traitement rigoureux. L'hésitation est aujourd'hui limitée au traitement des leucémies frappant des enfants arriérés profonds. Il s'agit là d'une question très générale, celle des maladies graves frappant les arriérés et de leur traitement, d'une question qui va bien au-delà de la seule leucémie.

Conduite du traitement. Tout au long de ce combat les essais thérapeutiques sont de deux sortes. Tantôt c'est un médicament nouveau qui est appliqué, tantôt c'est une combinaison nouvelle de médicaments connus qui est envisagée avec changement des doses, de la chronologie.

Les règles générales qui gouvernent pour l'adulte les essais de médicaments nouveaux doivent être respectées pour l'enfant. Avant tout (pour employer le langage des spécialistes) l'obligation du pré-requis; de très fortes études préalables sont indispensables.

Mais l'obligation du pré-requis limite seulement, sans les supprimer, les difficultés. Déjà les données établies par l'étude de l'animal ou des cultures de cellules ne peuvent toutes être directement transposées à l'homme et in vivo. Mais surtout les cellules, les métabolismes de l'enfant en période de croissance sont très différents des cellules, des métabolismes de l'adulte. Différences tantôt favorables, tantôt défavorables. Favorables, la même leucémie aiguë, atteignant les mêmes cellules, se présentant sous des formes comparables, guérit dans 70 % des cas chez l'enfant, dans 20 à 25 % des cas chez l'adulte.

Défavorables. Le système nerveux central de l'enfant est beaucoup plus sensible aux radiations que celui de l'adulte. La radiothérapie crânienne, qui cherche à prévenir les rechutes méningées des leucémies, utile et inoffensive chez l'adulte, doit en principe être évitée chez les tout petits enfants.

Des méthodes savantes, aux noms savants, pharmacocinétique, pharmacodynamie, permettent de mieux comprendre ces différences et de préciser les doses convenables des médicaments.

Ainsi le traitement d'un enfant leucémique doit-il constamment concilier deux impératifs, l'un scientifique, la prise en considération de la physiologie spéciale de l'enfant, l'autre éthique, le respect de la personne de l'enfant? Cette conciliation est difficile mais possible.

La méthode des essais comparés, décrite pour l'adulte, est aussi appliquée pour l'enfant. Elle soulève certes des objections morales. Ainsi lorsque après l'essai comparé de deux médicaments A et B, sur deux groupes de 20 enfants, A paraît supérieur à B, nos infirmières sont indignées par la poursuite de l'essai, inspirée par les nécessités mathématiques et les indications données par les statisticiens. Mais c'est cette méthode qui a permis la guérison des enfants leucémiques.

Les parents, les enfants. Les parents des enfants leucémiques doivent être constamment associés à ce combat. Ils seront pendant la bataille des alliés parfois encombrants, souvent utiles, toujours dignes d'amour.

Ceci dès le début. Les parents doivent être informés très vite. Ils doivent connaître le diagnostic de leucémie et sa signification dès que ce diagnostic est porté, dès qu'il est assuré. La méthode thérapeutique proposée doit leur être expliquée. Ils doivent donner leur accord. Ils doivent être régulièrement tenus au courant. Cette information, cette coopération ne sont pas toujours faciles, mais sont indispensables. Comme est indispensable l'information de l'enfant. Les adultes ont souvent sous-estimé l'intelligence de l'enfant, son aptitude à comprendre la situation. Souvent l'enfant a perçu la gravité de son état avant même les explications des médecins. Les entretiens avec cet enfant malade sont tantôt difficiles, tantôt aisés. Les modalités du traitement doivent lui être expliquées avec la chronologie approximative des prélèvements qu'il redoute, avec la durée approximative du séjour hospitalier.

Recherches psychiatriques

Légitimité. La légitimité de cette recherche est assurée. Elle est la conséquence directe de notre ignorance. De sérieux progrès sont certes survenus en ces dernières années. Mais notre connaissance de la psychopathologie de l'enfant reste tout à fait insuffisante. Cette insuffisance des connaissances entraîne l'insuffisance des thérapeutiques. Les recherches indispensables sont poursuivies selon deux voies. Du côté des médicaments d'une part, du côté des méthodes psychologiques et psychosociologiques d'autre part.

Les médicaments de l'esprit. Psycho-pharmacologie. Les principales difficultés rencontrées, les bienfaits, les dangers, les précautions nécessaires ont déjà été analysés. Nous nous limiterons ici à deux remarques :

1) Le consentement de la personne concernée, de l'enfant, est inconstamment éclairé. En raison de l'âge. En raison des désordres mentaux. Si l'on veut, et cette tentative doit être très prudente, informer l'enfant, obtenir son accord, il faut tenir compte de son âge mental et non de son âge réel.

2) Certains médicaments peuvent à long terme provoquer des troubles neurologiques importants. Une très attentive réflexion scientifique et éthique avec appréciation aussi précise que possible de la balance bénéfice/risque doit précéder leur application.

Méthodes psychologiques, psycho-sociologiques.

Enfants malades. Les recherches sont ici à la fois utiles, parfois dangereuses, très difficilement contrôlées. Les psychiatres, avec persévérance et dévouement, doivent respecter deux obligations, la première pour le présent, la seconde pour le futur.

Pour le présent : plus que dans tout autre domaine une recherche qui concerne l'enfant, l'altération de son esprit, doit faire l'objet d'études préalables approfondies. L'avis d'un Comité d'éthique doit nécessairement être sollicité.

Pour le futur, on doit souhaiter la mise au point de méthodes d'appréciation des résultats comparables à celles utilisées pour les médicaments, ou plus exactement rendant des services comparables. C'est là tâche difficile mais indispensable.

Populations. Très légitimement les psychiatres, se penchant sur le sort des enfants, ont souhaité mieux connaître l'état normal et ses variations. Les études collectives ne peuvent être interdites, mais doivent être conduites avec prudence. On s'est parfois élevé contre les prélèvements sanguins faits systématiquement à toute une population. Mais une enquête psychiatrique expose à des risques bien plus grands. Des questions apparemment innocentes peuvent profondément troubler l'enfant interrogé, faire surgir un souvenir douloureux, enfoui, qui va désormais constamment l'habiter, le faire pénétrer dans des régions heureusement inexplorées jusque-là.

Ici encore, une réflexion prudente et surtout progressive est nécessaire. De telles études devraient être d'abord conduites sur de petits groupes et n'être que lentement étendues à des populations plus nombreuses.

Médecine et chirurgie du fœtus

On peut distinguer trois périodes dans l'histoire des relations entre le fœtus d'un côté et, d'un autre côté, la biologie, la médecine, la chirurgie, l'éthique.

Une première période d'indifférence, la vie commence à la naissance. Le fœtus, les événements de la vie intra-utérine sont négligés.

Une deuxième période de destruction. Les progrès de la génétique, de la biologie, de l'imagerie permettent le diagnostic in utero de graves désordres héréditaires, de malformations variées. Ce diagnostic a souvent comme conséquence l'interruption de la grossesse, la mort du fœtus.

Une troisième période de prévention et de traitement avec l'espoir de prévenir de graves maladies héréditaires, de corriger d'importantes malformations.

Les questions éthiques de la deuxième période ont déjà été étudiées.

Nous examinerons ici les questions posées par les recherches qui définissent la troisième période. Il s'agit là de recherches en cours, à la fois prometteuses et incertaines. L'analyse des questions éthiques peut exercer une action utile d'accélération ou de ralentissement selon les cas. Ces recherches sont de deux sortes, selon qu'il s'agit de maladies héréditaires (que l'on souhaite ou prévenir ou traiter) ou de malformations (que l'on ne peut que traiter).

Prévention ou traitement des maladies héréditaires pendant la vie intra-utérine. Deux projets peuvent être ici cités :

1) Prévention et traitement de maladies héréditaires par la greffe de cellules qui forment le sang (cellules hématopoïétiques) pendant le premier trimestre de la vie intra-utérine.

2) Greffe de foie fœtal pendant le premier trimestre de la vie intra-utérine à des fœtus atteints de maladies héréditaires incurables.

Il ne s'agit que de projets, que d'études préliminaires. Mais ces projets ont valeur exemplaire.

Ces projets, soumis en 1989 au Comité Consultatif National d'Éthique, sont de très bonne qualité mais suscitent des remarques, des réserves scientifiques et éthiques.

Scientifiques d'abord. Les études expérimentales sur l'animal devraient connaître de nouveaux développements avant les premiers essais sur le fœtus humain. Ces études expérimentales sont nécessaires, apportant, complétant les bases physiologiques qui nous manquent, mais ne sont pas suffisantes. 1) La chronologie des différentes évolutions des tissus fœtaux varie avec les espèces. 2) Le diagnostic précoce in utero de maladies propres à l'homme ne bénéficie pas nécessairement des progrès survenus chez l'animal.

Éthiques ensuite. La première réserve éthique est très générale. Certaines recherches sont purement cognitives, telle celle qui a pour objet d'améliorer notre connaissance de l'ontogenèse de la formation du sang par le fœtus dans l'espèce humaine. Les relations entre éthique et recherche purement cognitive sont longuement discutées au chapitre consacré à la connaissance. Les solutions sont déjà malaisées lorsque la personne concernée, un adulte, peut donner son accord. Elles sont plus difficilement trouvées encore quand il s'agit d'un fœtus.

D'autres réserves éthiques sont plus précises. L'anémie méditerranéenne ou thalassémie revêt une forme majeure, mortelle chez un quart des enfants des familles concernées. Le diagnostic in utero étant possible, la tendance actuelle (nous l'avons déjà indiqué) est lorsque la forme mortelle est reconnue, d'envisager l'interruption de la grossesse.

L'expérience des dernières années a montré qu'après l'interruption, les couples conçoivent rapidement un nouvel enfant, les chances d'avoir un enfant normal étant de 3 sur 4. C'est cet espoir qui rend acceptable l'interruption de la grossesse pour ces couples.

Une autre proposition, celle du second projet de recherche cité ci-dessus est le traitement in utero du fœtus gravement atteint.

Cet essai de traitement pourrait, dans le futur, être surtout proposé aux couples qui, pour des raisons religieuses, morales, seraient formellement opposés à toute interruption de grossesse. Ces couples devront être informés de la nature de ce traitement et qu'il s'agit d'un essai thérapeutique comportant d'un côté des espoirs, d'un autre côté des risques d'échec et d'interruption tardive de la grossesse, des risques éventuels pour le fœtus, peut-être pour la mère, et en l'état actuel, l'incertitude sur la qualité et la durée de l'efficacité ultérieure de la greffe ainsi faite in utero.

Traitement des maladies acquises et des malformations. Les transfusions de sang ont pu être faites au fœtus pendant la vie intra-utérine depuis plusieurs années. Elles ne posent pas de problèmes éthiques particuliers.

Les injections dans les vaisseaux du fœtus de médicaments variés ont été proposées mais la méthode n'a pas été largement employée.

La chirurgie s'efforçant de corriger certaines malformations a connu de plus importants développements, chirurgie directe du fœtus in utero ou chirurgie hors de l'utérus d'un fœtus qui sera, après l'intervention, replacé dans l'utérus maternel d'où il avait été antérieurement extrait pour subir l'intervention.

C'est surtout la chirurgie des malformations urinaires qui est ici concernée. Mais comme l'écrit le professeur Claire Féketé « la connaissance de l'évolution spontanée des pathologies chirurgicales est incertaine et la discussion du bien-fondé des thérapeutiques in utero est difficile. De plus l'intervention fœtale, quelle qu'elle soit, pose le problème du risque maternel (risque de césarienne, d'infection après ponction trans-amniotique, etc.). En cas de grossesse gémellaire, si l'un des jumeaux est sain, et si l'autre justifie des gestes agressifs, on place le jumeau sain dans des conditions pathologiques qui méritent d'être discutées ».

Réanimation du nouveau-né

Histoire de trois enfants prématurés, Pierre, Lucien, Simone. Pierre, Lucien, Simone sont tous trois venus au monde prématurément après vingt-huit semaines de grossesse. Tous trois ont été l'objet d'une réanimation savante, attentive, dans un centre hospitalier de premier ordre.

Pierre est resté longtemps fragile. Pendant trois mois son état a donné du souci. Puis il s'est rétabli, a connu une croissance régulière, a compensé son retard. Il est aujourd'hui un adolescent normal.

Lucien a donné de grandes inquiétudes dès la naissance, puis, après une courte amélioration, dès la deuxième semaine de la vie. En dépit de soins intensifs la situation ne s'est pas améliorée. Le cerveau ne s'est pas développé normalement. Arriéré profond, infirme moteur, Lucien a vécu quatre ans d'hôpital en centre de rééducation, de centre de rééducation à la maison, puis de nouveau à l'hôpital, constamment entouré par la sollicitude de ses parents, de ses médecins. Il est mort après quatre ans d'une vie misérable.

Simone, après avoir reçu des soins analogues, a gardé deux séquelles, un retard intellectuel net mais modéré, une difficulté à mouvoir le bras gauche. Elle a maintenant douze ans, a dû être placée dans une école spéciale. Tantôt elle est heureuse, joue avec ses compagnes, tantôt malheureuse, percevant confusément ses limites.

Les progrès de la réanimation. Ces trois histoires illustrent les conséquences inégalement heureuses des progrès de la réanimation des nouveau-nés prématurés.

Ces progrès sont très remarquables. Longtemps les pédiatres, les réanimateurs abandonnaient les enfants nés avant 32 semaines de vie intra-utérine. Aujourd'hui ils sont plus hardis. Deux données sont prises en considération, le taux de survie à 1 an, le taux de séquelles. Une étude de M. Dehan (1988) donne les chiffres suivants :
31-32 semaines, taux de survie : 86 % taux de séquelles : 8 %
29-30 semaines, taux de survie : 77 % taux de séquelles : 12 %
27-28 semaines, taux de survie : 59 % taux de séquelles : 20 %

Conséquences éthiques de ces progrès. La réanimation du nouveau-né prématuré est très originale, très différente de la réanimation de l'adulte.

1) Elle concerne un être humain qui ne peut en

aucune façon intervenir, exprimer son consentement ou son refus. Sa vie ou sa mort, plus précisément sa vie normale, sa vie misérable, malheureuse, sa mort vont être décidées sans lui.

2) Le nouveau-né prématuré est un être en évolution. Rien de plus difficile souvent que de porter un pronostic. Les réanimateurs spécialisés considèrent même actuellement qu'il est pratiquement impossible de porter un pronostic à la naissance. Ils estiment qu'après une semaine de vie, les chances de survie, les risques d'infirmités, de séquelles peuvent être plus correctement appréciés. Ils vont donc, et c'est la conduite généralement suivie actuellement, s'efforcer de faire vivre ce grand prématuré une semaine et poseront à ce moment les questions essentielles. Décision certainement sage scientifiquement mais aggravant le problème affectif singulièrement plus cruel lorsqu'il s'agit d'un enfant qui vit que d'un prématuré dont la mort à la naissance avait été presque acceptée.

3) La réanimation du prématuré nouveau-né, les données scientifiques qui la gouvernent sont elles-mêmes en pleine évolution et permettent (les chiffres cités en témoignent) des espérances qu'on n'aurait même pas osé concevoir il y a vingt ans.

Les services de réanimation néo-natale sont ainsi devenus, comme l'écrit M. Dehan, des lieux où se décident la vie et la mort d'enfants en détresse, des lieux où deux questions doivent nécessairement être abordées : « Peut-on accepter que certains enfants puissent ne pas bénéficier de la réanimation? Existe-t-il des situations où il faudra délibérément arrêter ce qui a été entrepris contre le cours naturel des choses afin de ne pas faire survivre malgré tout, malgré lui, un enfant handicapé? »

Vers les moins mauvaises solutions. Entre tous les nouveaux devoirs qu'imposent aux médecins leurs nouveaux pouvoirs, ceux qui sont liés à la réanimation néo-natale sont peut-être les plus rudes, les plus émouvants.

Une première règle, doublement justifiée scientifiquement et éthiquement, est généralement suivie. A la naissance tout nouveau-né en détresse a droit à la vie et doit être l'objet d'une tentative de réanimation quel que soit le degré de prématurité, quelle que soit la gravité de son état.

La première semaine de cette réanimation, d'attente, permettra par l'observation constante de l'enfant d'assembler des données de pronostic; elle permettra aussi de réunir les données scientifiques les plus récentes relatives aux désordres constatés chez cet enfant.

Des problèmes éthiques redoutables sont posés si au terme de cette semaine on acquiert la certitude d'un handicap majeur compromettant gravement tout espoir d'une vie acceptable, toute possibilité de relations humaines.

Dans les pays anglo-saxons, en Grande-Bretagne, aux États-Unis, la décision d'interrompre une réanimation est considérée comme « la lourde prérogative des parents ». Les arguments invoqués en faveur de cette position sont forts. « Ce sont les parents qui ont conçu cet enfant, ce sont eux qui auront à supporter la charge économique, morale, sociale, d'un enfant handicapé, eux encore qui auront à en assumer l'existence face à leurs autres enfants. »

En France une position assez différente est adoptée par les équipes spécialisées. Certes une coopération très étroite est établie avec les parents. Des entretiens fréquents et longs sont organisés entre médecins réanimateurs et parents. Ces entretiens permettent aux parents de recevoir toutes les informations nécessaires, et aussi à l'équipe médicale de mieux connaître, de mieux comprendre les sentiments profonds des parents.

Mais il paraît difficile de faire assumer par les seuls parents la responsabilité majeure. Les arguments qui justifient l'attitude des équipes françaises sont également importants.

« 1) Les parents d'un enfant gravement atteint sont profondément désorientés et difficilement en mesure de prendre une décision rationnelle.

2) Le risque est considérable après les avoir éclairés de transformer une décision prise en toute liberté, en un remords de toute une vie.

3) Il est exceptionnel que le père et la mère aient la même perception de la situation et expriment le même désir de sorte que, quelle qu'elle soit, la décision, si elle est prise par eux, sera tôt ou tard génératrice de conflits et probablement de ruptures à l'intérieur du couple » (Dehan).

La décision appartient au médecin responsable. Elle ne sera prise qu'après un travail d'équipe, éventuellement après consultation d'équipes voisines. Elle est malaisée, difficilement prise, difficilement appliquée.

Les progrès de la biologie et de la médecine peuvent nous poser des questions éthiques auxquelles, en l'état actuel des connaissances, il n'existe pas de réponse satisfaisante. Dans les divers centres spécialisés dans le monde, et en France en particulier, les progrès de la réanimation néo-natale ont d'un côté permis de remarquables succès, fait vivre heureux, normaux, des enfants jadis condamnés, mais d'un autre côté placent les réanimateurs dans des situations morales rudes, capables d'engendrer malaises et incertitudes. Ainsi les deux problèmes majeurs sont : 1) celui de la mort, surtout quand la mort doit être acceptée comme un moindre mal; 2) celui du risque de survie avec séquelles intellectuelles, sensorielles, motrices, somatiques. Le handicap, les limites de ce qui est acceptable sont au cœur de la réflexion éthique en réanimation néo-natale. Comme l'écrit Michel Dehan : « Dans le choix terrible entre vie et mort, il n'est pas simple d'osciller constamment entre un dogmatisme rigide et un laxisme excessif, entre les règles morales et la réalité individuelle, entre une objectivité qui est nécessaire et une subjectivité qui trouble. Il importe que tous ceux qui décident le fassent avec grande humilité, en étant prêts à se remettre constamment en question. »

La seule solution possible, comme dans tous les cas comparables, viendra des progrès de la connaissance, d'une meilleure compréhension des causes de la prématurité, de la limitation du nombre de ces enfants prématurés.

CHAPITRE VII

Les animaux et l'expérimentation

Face à Brigitte Bardot

Voici une dizaine d'années, le directeur général de l'Institut National de la Santé et de la Recherche Médicale me demande de rencontrer le président d'une des chaînes de télévision. L'entretien, dans le bureau du président, a pour objet les expériences conduites sur les animaux de laboratoire, les émissions publiques qu'elles pourraient, dans le futur, inspirer. L'entretien terminé, je prends congé. Mais le président m'arrête. « Ne partez pas; la première émission va commencer dans quelques minutes; nous comptons sur vous. » Et comme je proteste, le président ajoute paisiblement « Si vous ne restez pas, nous dirons que vous vous êtes dérobé. »

Vaincu, pris au piège, je passe avec lui dans le studio d'émission. J'y trouve deux groupes, d'une part les spécialistes de la défense des animaux entourant Brigitte Bardot, blonde et belle. D'autre part, quelques chercheurs appartenant à des disciplines variées.

Les questions sont posées par les auditeurs et nous répondons de notre mieux. Incertaine au début, l'opinion des auditeurs penche peu à peu du côté de la sagesse, de la nécessité absolue de l'expérimentation conduite avec les précautions indispensables. L'émission se termine. La dernière question d'un auditeur est destinée à Brigitte Bardot « Madame, si vous aviez à choisir entre la mort d'un enfant et la mort d'un chien, si la vie d'un enfant ne pouvait être sauvée qu'au prix de la mort d'un chien mis en expérience, quelle serait votre décision? ».

Brigitte Bardot hésite un long moment, un moment qui nous paraît très long, puis se résigne « Il vaudrait mieux laisser mourir le chien ».

Religions et Passions

En 1960 lors d'un voyage en Inde, nous déjeunons sur l'herbe avec quelques amis près des ruines d'un temple. Nous sommes aussitôt entourés par une troupe d'enfants maigres, affamés. Je tends mon sandwich à l'un d'entre eux. Il l'ouvre, aperçoit la tranche de viande et le rend.

De nombreuses religions d'Asie, celles en particulier qui admettent la métempsycose, tiennent l'animal pour l'égal de l'homme. La chair de l'animal ne peut servir à la nourriture de l'homme. Et bien entendu, toutes recherches de laboratoire, toutes expérimentations utilisant l'animal sont formellement interdites.

Loin des religions d'Asie, des jugements comparables sont portés par des femmes, des hommes de notre temps. Ces jugements sont inspirés d'une part par des éléments rationnels, l'animal n'est pas un être inférieur, d'autre part par la passion. L'animal est l'objet d'une sollicitude très supérieure à celle que l'on témoigne aux êtres humains. Cette passion refuse toute nuance, toute justification. Elle inspire des diatribes, des réquisitoires souvent violents.

Laissons de côté les excès de la passion. La position des religions d'Asie, et celle des femmes, des hommes d'Europe qui tiennent aussi l'animal pour l'égal de l'homme, ces positions doivent être comprises. Avec leurs conséquences, leurs corollaires. Si l'un de ces fidèles est malade, il doit refuser les traitements que l'expérimentation animale a permis de mettre au point, ceci pour lui, pour ses proches, pour ses enfants. Ce refus n'est pas constant. Vers 1955 je reçois la visite d'un des pionniers les plus éloquents, les plus passionnés de la défense des animaux. Son fils, trois ans, victime d'une méningite tuberculeuse est en grand danger. Puis-je l'aider à obtenir les antibiotiques nécessaires encore rares à l'époque? Toute notre connaissance de la tuberculose, tous les progrès thérapeutiques sont dus à de nombreuses recherches expérimentales poursuivies sur l'animal, le cobaye avant tout. L'enfant fut traité, sauvé, guéri. Je ne sais si l'opinion du père fut modifiée.

Claude Bernard

Tout commence avec Claude Bernard. Le premier, il refuse les métaphysiques de la vie, les vitalismes; le premier il apporte une analyse objective des phénomènes de la vie. Ce sont les observations, les expériences conduites sur les animaux qui lui permettent de créer la physiologie moderne. La violence des combats qu'il doit mener contre les obscurantismes explique la violence de ses propos. L'expérimentation animale, écrit-il, est un droit « de manière entière et absolue. Le physiologiste n'est pas un homme du monde; c'est un savant, c'est un homme qui est saisi et absorbé par une idée scientifique qu'il poursuit. Il n'entend plus les cris des animaux; il ne voit plus le sang qui coule. Il ne voit plus que son idée et n'aperçoit que les organismes qui lui cachent des problèmes qu'il veut découvrir ». Et plus loin « le savant ne doit avoir souci que de l'opinion des savants qui le comprennent et ne tirer de règle de conduite que de sa propre conscience ».

Les faits

Les six glorieuses. 1857, Darwin publie l'origine des espèces et propose sa théorie de l'évolution. De 1857 à 1863, ce sont les fameuses expériences de Pasteur réfutant la génération spontanée et créant la science des microbes. 1863, le moine Grégor Mendel, croisant dans son couvent morave des pois de senteur, découvre les lois de l'hérédité. 1863 c'est aussi l'Introduction à l'étude de la médecine expérimentale de Claude Bernard et la naissance de la physiologie moderne. Comme on l'a bien souvent écrit, ces six années, ces six glorieuses ont plus changé le sort des hommes que les guerres, batailles, victoires de nos livres d'histoire.

La santé de l'homme en 1990. Tantôt lentement, tantôt rapidement, ces grandes découvertes ont transformé la vie de l'homme. Les enfants ne meurent plus ou presque plus. L'espérance de vie en France est passée de trente ans au début du XIXe siècle à soixante-dix ans ou quatre-vingts ans selon le sexe à la fin du XXe siècle. La tuberculose est pratiquement vaincue, comme aussi la syphilis, les grandes septicémies, les grands désordres de la chimie des humeurs. Et même pour les échecs ou semi-échecs actuels (cancers, maladies du cœur et des vaisseaux, psychoses, maladies héréditaires) de sérieux espoirs peuvent être conçus.

Le rôle de l'expérimentation animale. Ces victoires sont, toutes ou presque toutes, dues à des expériences conduites sur l'animal. La diphtérie maligne, le croup faisaient le malheur des mères. Les expériences de Gaston Ramon sur le cobaye ont permis de découvrir puis de mettre au point un vaccin efficace.

Ce sont des expériences conduites sur le singe qui ont permis de comprendre la poliomyélite et là encore de découvrir un vaccin efficace.

La chirurgie moderne, la chirurgie cardiaque en particulier ont d'abord été appliquées à l'animal avant qu'on passe à l'homme. Il en va de même pour les transplantations d'organes, les greffes.

Ces données simples paraissent méconnues par les adversaires passionnés de l'expérimentation animale.

Certes, comme nous l'avons déjà rappelé, l'expérimentation animale ne règle pas tous les problèmes. Elle est, en l'état actuel, nécessaire et non suffisante. Nous verrons plus loin les évolutions que l'on peut, que l'on doit envisager pour le futur. Mais il est important de rappeler avec force que sans l'expérimentation animale, les enfants de notre temps mourraient encore de méningite tuberculeuse ou de diphtérie maligne.

Évolution des méthodes et des comportements

En ces dernières années les méthodes ont évolué. Les comportements aussi.

Méthodes. L'évolution des méthodes s'est faite dans deux directions différentes mais non contradictoires.

D'un côté exigence, rigueur de plus en plus forte du « pré-requis ». On considère à juste titre que tout essai d'une nouvelle thérapeutique chez l'homme malade doit être précédé de contrôles, de vérifications conduits chez l'animal dans les conditions les plus variées possible. L'oubli d'une de ces conditions avait entraîné dans le passé les catastrophes de la thalidomide. Ces exigences, cette rigueur ont tour à tour été scientifiques, éthiques. Elles sont maintenant réglementaires, fixées par des lois, des décrets, dans de nombreux pays.

D'un autre côté, mise au point de techniques, de méthodes limitant les indications de l'expérimentation proprement dite.

Dans plusieurs domaines l'observation des maladies spontanées de l'animal peut remplacer l'étude de maladies délibérément provoquées de l'animal. Ainsi pour les leucémies, l'étude des leucémies spontanées du chat s'est montrée beaucoup plus féconde que l'étude antérieure des leucémies provoquées de la souris. Et l'on a même fait remarquer que cette étude pouvait inspirer des traitements bénéfiques pour l'espèce considérée. Ainsi les recherches, dont certaines leucémies de la poule, ont fait l'objet, ont permis la mise au point des vaccins efficaces qui protègent les élevages.

Surtout les remarquables progrès des méthodes de culture de tissus ont, dans plusieurs domaines, réduit l'importance de l'expérimentation sur l'animal. Ces méthodes de culture ont un avantage, une force et une faiblesse.

Avantage, ce sont des cellules humaines, des cellules

de l'homme sain et de l'homme malade qui sont concernées et non plus l'organisme d'un animal.

Faiblesse, les études sont conduites dans le verre du laboratoire et non plus sur un organisme entier, vivant.

D'une façon plus générale, les progrès de la biologie moléculaire ont pu dans de nombreux domaines se développer sans recours à l'animal. Mais dans d'autres domaines le recours à l'animal est essentiel. Lorsqu'il est impossible, la recherche piétine ou avance plus lentement. L'absence d'un vrai modèle animal a jusqu'à présent ralenti les progrès des recherches sur le Sida.

Comportements. Chercheurs. Le comportement des chercheurs s'est modifié. Doublement lui aussi.

La souffrance des animaux mis en expérience est désormais considérée, limitée. Les premiers expérimentateurs, y compris les plus glorieux, étaient assez indifférents. Les chercheurs de notre temps sont beaucoup plus attentifs. Les progrès de l'anesthésie ont facilité leur tâche. Dans tous les laboratoires de qualité, dans tous ceux où sont poursuivies de bonnes recherches, les précautions sont prises pour supprimer ou limiter dans toute la mesure du possible la souffrance des animaux.

L'importance des questions posées par l'expérimentation animale est également mesurée. Claude Bernard, on l'a vu, n'acceptait que le jugement des autres savants. Les chercheurs contemporains acceptent d'ouvrir les discussions nécessaires.

Adversaires de l'expérimentation. La même ouverture n'est pas constatée du côté des adversaires de l'expérimentation animale. Plus exactement ces adversaires sont de deux sortes, les uns conciliants, prêts à examiner les avantages et les inconvénients des diverses méthodes proposées, les autres irréductibles, refusant tout examen sérieux de la question. Pour les représentants de cette deuxième classe, l'amour de l'animal l'emporte assurément sur l'amour de l'homme. Toutes les heureuses conséquences pour l'homme des expérimentations animales sont oubliées. « Human ingratitude », disait déjà Shakespeare. Et cette ingratitude se mêle clairement ou non à ce refus, ce rejet de la science que l'on voit irrégulièrement resurgir des adversaires de Galilée aux adversaires de Pasteur et à leurs successeurs.

Dangers – Espoirs

Ainsi, il ne faut pas se le dissimuler, est créée une situation dangereuse. Dans plusieurs pays ont été discutées, sont parfois déjà mises en place, des mesures législatives limitant et parfois interdisant presque l'expérimentation animale, mesures inspirées par des passions froides, fort périlleuses.

Or s'il est vrai que de nombreuses maladies sont actuellement prévenues ou traitées, s'il est vrai que l'expérimentation animale peut dans nombre de cas être remplacée par d'autres méthodes, cette expérimentation animale demeure dans de nombreuses autres circonstances indispensable.

La limitation, l'interdiction de l'expérimentation animale peuvent retarder ou même complètement entraver les progrès espérés. Bien lourde serait la responsabilité des adversaires de l'expérimentation animale si leur action empêchait de progresser dans la connaissance de tel cancer, de telle myopathie, avait pour conséquence la mort ou l'infirmité définitive d'enfant qu'on aurait pu sauver.

Ces problèmes sont graves. Ils doivent être abordés sans passion avec l'espoir de dégager des solutions satisfaisantes, respectant l'animal, ne retardant pas les progrès qui limitent les malheurs de l'homme. Il cst encore permis d'espérer.

LA PERSONNE – LA CONNAISSANCE

CHAPITRE VIII

La personne

La révolution thérapeutique, la révolution biologique, l'une et l'autre concernent la personne, l'une et l'autre sont inspirées par la volonté d'accroître la connaissance.

Toute réflexion bio-éthique rencontre la personne et la connaissance.

1. LA PERSONNE

La médecine concerne l'homme, un homme. Mais quel est cet homme? Quelle est cette personne?

Essai de définition de la personne

La génétique – Le système HLA

De Karl Landsteiner à Jean Dausset. Nous avons déjà évoqué les travaux de Karl Landsteiner découvrant à Vienne en 1900 les groupes sanguins ABO, sa prophétie (un jour viendra où les groupes sanguins définiront chaque homme mieux que les empreintes digitales), la confirmation éclatante de la prophétie apportée par la découverte de Jean Dausset du système de groupes tissulaires dits HLA (Human leucocyte antigènes) et la connaissance de la complexité de ce système. L'étude du système HLA, d'abord limitée aux gouttes additionnées des immunologistes, se poursuit aujourd'hui avec le langage, la rigueur de la biologie moléculaire. Les gènes du système de groupes tissulaires HLA ont pu être localisés sur un fragment du VIe chromosome. Ce fragment du VIe chromosome est responsable de la définition biologique de chacun d'entre nous, responsable de la mise en œuvre des moyens de défense du soi contre le non-soi. Il est à la fois le maître de l'état civil, le maître des armées.

Trois questions importantes

1) *La défense du soi contre le non-soi.* La défense de la personne est une des fonctions essentielles de la bioéthique. La biologie a ici valeur exemplaire avec la défense du soi contre le non-soi. « Rien ne ressemble davantage, écrit Jean Hamburger, à une souris qu'une autre souris. Et pourtant un fragment de peau de l'une d'elles greffé à une autre se gangrène en quelques heures. Chaque individu souris est capable de reconnaître le fragment provenant d'un autre individu de la même espèce comme de nature différente de la sienne et l'ayant reconnu étranger, de l'attaquer et de le détruire. »

Les hommes se comportent comme les souris de Jean Hamburger. Nous commençons de connaître les méthodes de défense employées, les armées et les fortifications, ou plus précisément les cellules, les anticorps, les membranes.

2) *La diversité.* « Cette diversité dont on vous parle tant
Mon voisin léopard l'a sur soi seulement
Moi je l'ai dans l'esprit
Le singe avait raison, ce n'est pas sur l'habit
Que la diversité me plaît, c'est dans l'esprit. »

Et La Fontaine ainsi, l'un des premiers, avant les biologistes, a reconnu notre diversité. Cette diversité définit chacun de nous tout au long de la journée, tout au long de l'année, tout au long de la vie.

Comment concilier cette évidente diversité avec la non moins évidente unité de chacun de nous? Quelles sont les bases biologiques de la diversité? Les travaux de Charles Salmon apportent ici d'utiles éléments de réponse.

3) *La mort.* La mort ensuite avec, là encore, des données apparemment contradictoires,

– la disparition de l'identité avec la mort, comme le montrent les expériences de Marcel Bessis sur le nécrotactisme. L'organisme ne reconnaît plus comme sienne la cellule morte, la dévore comme une cellule étrangère,

– la persistance des groupes sanguins longtemps après la mort. Très longtemps, l'étude de la momie du tisserand Nakcht qui vivait au temps de Ramsès II, il y a trente-trois siècles, a reconnu qu'il appartenait au groupe sanguin B.

Le soi mort, le soi cadavre a quelque intérêt. Mais c'est le soi vivant qui nous importe. Ici la définition par le groupe tissulaire, la définition génétique ne suffit plus. Nous devons considérer le système nerveux.

Le système nerveux – Les progrès des neuro-sciences

Nous savons que la mort est la mort du cerveau. Nous sentons plus ou moins confusément que notre soi, notre personne d'une part, le fonctionnement de notre cerveau d'autre part sont intimement liés. Il n'est pas très facile de passer de ces données générales vagues à des faits précis.

Longtemps la neurologie a admis l'uniformité, admettait pour tous les hommes, la même anatomie du cerveau, la même organisation des neurones. Le grand courant de diversité, qui nourrit toute la biologie, atteint à peine les rivages du système nerveux. Et, comme l'écrit J.-P. Changeux, la génétique moléculaire du cerveau est encore dans les limbes. Celui-ci est coléreux, celui-là est doux. Tel est jovial, tel est sombre. Saura-t-on un jour distinguer les neurones de l'homme généralement coléreux des neurones de l'homme généralement calme?

Dès maintenant, l'étude des jumeaux vrais apporte d'utiles informations. Les jumeaux vrais sont des êtres identiques. Mais leurs cerveaux peuvent être différents. Ces études portant sur de nombreuses espèces animales, de la daphné aux poissons, ont reconnu cette différence. Les données ne sont pas aussi assurées pour les mammifères et pour l'homme, mais hautement probables.

Les gènes gouvernent les grandes lignes de l'organisation du système nerveux, mais permettent des variations entre les lignes. Ce qu'exprime le terme d'enveloppe génétique proposé par J.-P. Changeux.

Ici encore d'importantes questions demeurent posées :

1) Le soi et la personne dépendent-ils de l'acquis? L'environnement instruit-il le cerveau comme un sceau

de bronze laisse son empreinte sur un morceau de cire? ou au contraire ne fait-il que stabiliser sélectivement les combinaisons de neurones et de synapses au fur et à mesure que celles-ci apparaissent spontanément par vagues successives au cours du développement? (J.-P. Changeux).

2) Comment concevoir le rapport entre nombre de gènes et nombre de neurones? D'un côté quelques centaines de millions de gènes; d'un autre côté des milliards de milliards de neurones, de synapses. Des modèles de régulation dans l'espace et dans le temps ont été proposés. De sérieuses incertitudes persistent.

3) La plupart des travaux concernent les animaux inférieurs et l'intégration commune à l'homme et aux animaux.

« Ce que nous voudrions expliquer, souligne François Gros, ce sont les fonctions supérieures du cortex, le haut raffinement des processus cognitifs de l'homme. La génétique moléculaire est muette sur le mécanisme moléculaire des fonctions cognitives supérieures, fonctions qui séparent l'homme de l'animal, fonctions essentielles dans la définition du soi. »

4) D'où une dernière question. Cette priorité absolue donnée à la génétique moléculaire est-elle raisonnable? D'autres méthodes sont-elles possibles, capables de nous aider dans l'examen de ces relations entre le soi et le système nerveux de l'homme.

L'homme est défini par son aptitude à apprendre. Les rapports sociaux

Imaginons une catastrophe atomique. La terre entière va très vraisemblablement être détruite. Seule sera épargnée une île dans le Pacifique. Pour assurer la survie de notre espèce, on a placé dans cette île cinq nouveau-nés humains venant de divers continents. A côté d'eux, un insecte, une guêpe.

La catastrophe redoutée survient. Tout est détruit sauf l'île du Pacifique, toute l'humanité disparaît sauf les cinq nouveau-nés.

Mais le petit d'homme seul ne sait rien faire. Les cinq nouveau-nés meurent bientôt. Cependant la guêpe repeuple le monde des guêpes. Elle est programmée depuis plusieurs centaines de milliers d'années.

Cet apologue a été conté sous des formes variées par divers anthropologues. Il met bien en valeur une des plus fortes définitions de l'homme. L'homme, a écrit François Jacob, est défini par son aptitude à apprendre.

Dans la définition de la personne interviennent les modes de vie, les formes d'éducation, comme l'écrit Lucien Sève, rédacteur du rapport sur la personne au Comité Consultatif National d'Éthique, « L'enseignement majeur de l'anthropologie contemporaine est précisément qu'avec l'outil, le signe et l'immense essor de ce qu'on appelle au sens large la culture, des acquis de l'histoire ont pris le relais des données de nature pour pousser plus loin l'extraordinaire aventure de l'hominisation. L'homme, le seul animal, a-t-on pu dire de façon suggestive qui se souvienne de son grand-père, est un nœud de rapports sociaux autant que de connexions nerveuses. Il est inséparable du code linguistique autant que du code génétique, du système de parenté, en même temps que du système HLA. Le fait d'humanité que les vieux auteurs baptisaient hommérie et que l'un d'entre nous appelle humanitude, a donc son siège non seulement à l'intérieur de l'individu biologique mais aussi en dehors de lui dans ce gigantesque corps inorganique fait d'objets, de rapports et de signes qui sous-tend notre civilisation, et que le petit d'homme, spontanément porteur des traits de notre espèce, doit longuement faire siens à sa façon pour devenir à part entière et en toute originalité, membre du genre humain, faute de quoi il ne sera jamais qu'un enfant sauvage. L'évolution naturelle l'a fait homo, c'est son histoire qui l'a fait, et sa biographie qui le refait sans cesse, sapiens ».

Ainsi l'homme c'est aussi le monde de l'homme. La dimension personnelle de l'existence, l'autonomie de la conduite sont fonction des accords qui se font, de l'organisation qui s'établit entre l'homme et la société humaine. L'homme, la personne transcendent ainsi les éléments, les molécules qui le forment. « Les concepts de démocratie, de propriété, de salaire sont aussi dénués de signification pour une cellule ou un organisme que ceux de reproduction ou de sélection naturelle pour une molécule isolée », écrit François Jacob.

La biologie moderne, en particulier l'étude des maladies de l'hémoglobine, a détruit les concepts même du racisme. Entre les hommes, il n'y a pas inégalité mais différence. Et le métissage est avantageux. Il n'est pas de races supérieures, ni de races inférieures, mais des populations qui trouvent leur unité dans une culture commune, et qui se distinguent des autres populations par les différences de leurs cultures.

La personne comme une valeur

Vers 1975, mon éminent ami, René Brouillet, Ambassadeur de France auprès du Saint-Siège, me demande de présenter les progrès de la biologie devant une assemblée de cardinaux, de chefs d'ordres religieux. Dans la discussion qui suit la conférence, un éminent cardinal intervient : « Vous nous dites, cher docteur, que la biologie démontre que chaque homme est un être unique, irremplaçable. Mais nous, théologiens, nous le savions depuis longtemps. »

Et un poète, assez éloigné de Rome, a décrit « l'homme tout entier avec son âme, ses dents, ses os, avec son esprit et son sang, son histoire et sa peine ».

Le cardinal et le poète ont tous deux raison. La personne est une individualité biologique, un être de relations psycho-sociales, un sujet pour les juristes. Mais elle transcende ces définitions analytiques. Elle apparaît comme une valeur.

« A l'évidence, écrit Lucien Sève, nous sommes ici au tournant décisif dans l'investigation sur la personne par le fait même qu'elle y apparaît comme une valeur. Consacrer la valeur de ce fait en l'érigeant en règle, telle est la décision de la morale. Nous savons bien que nous n'avons pas tous les mêmes motifs à la prendre, n'ayant pas non plus les mêmes idées sur la racine la plus profonde en nous de ce je délibérant et choisissant, ni sans doute sur la hiérarchie des menaces dont il faut le préserver. Mais nous nous accordons en tout cas pour voir dans le sujet le cœur de la personne universelle et singulière. »

La personne n'est ni une « chose » biologique ni une convention sociale et idéologique arbitraire. Il faut refuser et le substantialisme réducteur et le relativisme destructeur. Plus exactement, comme l'écrit toujours Lucien Sève, il faut maintenir entre l'un et l'autre une tension féconde.

On trouve au Comité Consultatif National d'Éthique celui qui croyait au ciel, celui qui n'y croyait pas. De très profondes différences séparent spiritualistes et matérialistes. Ou plus exactement représentant des diverses familles spiritualistes, matérialistes. Sans parler de ceux qui gouvernent au centre.

En dépit de ces divergences, l'accord s'est fait aisément autour de la personne, autour de notre tâche bien définie par Lucien Sève « Réfléchir de manière approfondie aux enjeux moraux de la recherche biologique et médicale afin qu'en ses progrès soit respecté tout homme et tout l'homme ».

Les limites

Cet homme que nous respectons tour à tour est conçu, naît, meurt. Quelles sont sur cette terre les limites de la personne? Nous avons déjà, au long des chapitres précédents, tenté de répondre à certaines questions posées par ces limites. Du côté de l'âge? Est-il licite d'utiliser comme donneur de moelle osseuse un enfant de huit ans? Du côté de la maladie. Est-il moralement possible d'obtenir le consentement libre et éclairé d'un jeune homme de vingt-cinq ans qu'accable une leucémie aiguë?

Les progrès de la biologie, de la médecine ont posé de nouvelles questions, beaucoup plus redoutables. Toujours des deux côtés, du côté de la maladie, du côté de l'âge.

Mort cérébrale. États végétatifs chroniques. On a trop longtemps confondu la mort cérébrale et l'état végétatif chronique, la confusion étant en partie due à l'emploi, aujourd'hui déconseillé, du terme « coma dépassé ».

La mort cérébrale est la mort. Nous savons aujourd'hui que le cœur peut battre, le poumon peut respirer; cet homme dont le cœur bat, dont les poumons respirent est mort si son électro-encéphalogramme reste plat à plusieurs heures d'intervalle. Il convient certes de respecter les morts. Et le respect des morts est aussi ancien que l'homme. Mais il ne s'agit plus d'une personne vivante.

Ce qui sépare l'homme de l'animal c'est son cerveau. Le sujet en état de mort cérébrale n'a plus de cerveau. En l'état actuel des connaissances on ne voit pas bien quelles expériences scientifiques valables pourraient être envisagées différentes de celles qui ont l'animal pour objet.

Tout différent est l'état végétatif chronique, survenu parfois après une maladie, plus souvent après un grave traumatisme crânien. De très importantes fonctions du cerveau ont disparu. D'autres fonctions du cerveau persistent. On voit subsister, sinon la conscience, tout au moins une certaine vigilance. Ces états sont chroniques, peuvent durer plusieurs mois, parfois plusieurs années. Le retour à une santé normale, à une conscience normale est exceptionnel mais n'est pas tout à fait impossible. Le plus souvent la mort survient après quelques mois. On a pu considérer ces malheureux malades comme des modèles expérimentaux parfaits et les utiliser comme des animaux de laboratoire pour des expériences n'ayant aucune relation avec l'altération cérébrale qui les accable. De telles tentatives doivent être formellement condamnées. Ce malade en état végétatif chronique reste une personne même si ses fonctions cérébrales sont en partie altérées. Il doit être respecté.

Seules peuvent être autorisées les recherches qui auraient comme objectif l'amélioration de l'état du malade, le rétablissement de sa vie de relations.

Embryons – Fœtus. Deux données simples et sûres doivent être rappelées :

1) la vie ne commence pas à la naissance mais à la conception ;

2) l'œuf humain juste formé, l'œuf résultant de la fécondation de l'ovule par le spermatozoïde, contient en puissance tout l'être complet qu'il sera plus tard et son foie, et son cœur, et son cerveau. Nous l'avons déjà indiqué. Cette aptitude à la différenciation est entre tous les phénomènes de la vie l'un des plus remarquables.

Ainsi la biologie moderne rejoint, et, en quelque sorte, justifie la théologie du Moyen Age qui la première avait considéré l'embryon, le fœtus comme des personnes potentielles.

Cette définition très générale est parfois contestée. Doublement. Les critiques sont les unes chronologiques, les autres fondamentales.

La diversité des critiques chronologiques est un bon témoin de leur fragilité.

Certains affirment que la personne est présente dans l'embryon dès sa conception, d'autres qu'on ne peut parler de personne avant un stade plus tardif, mais les avis divergent quant à la date : implantation à partir du sixième jour, apparition du sillon neural vers le onzième jour, phase de viabilité vers la vingt-quatrième semaine, sans parler, ajoute Lucien Sève, de la naissance elle-même.

Les critiques fondamentales semblent les conséquences d'un malentendu, d'une interprétation de l'adjectif potentiel. Admettre que l'embryon est une personne potentielle, c'est admettre que les propriétés caractéristiques de la personne sont présentes, latentes dans l'embryon. Il est clair que des propriétés comme la conscience, l'intelligence, n'appartiennent pas à une cellule ou à un petit nombre de cellules, mais supposent une organisation biologique beaucoup plus complexe et apparaissent plus tardivement.

Ces critiques ne tiennent pas compte de la donnée essentielle rappelée ci-dessus. Dès la conception les conditions nécessaires au développement des divers états complets d'organisation biologique sont bien présentes dans le génome de l'individu. Conditions assurément insuffisantes mais absolument nécessaires. L'embryon est bien une personne potentielle. Ce qui signifie qu'existe dès la conception une potentialité de personne, une virtualité de personne.

A ces données biologiques s'ajoutent des données anthropologiques, culturelles, juridiques, morales.

« L'embryon, écrit Lucien Sève, n'est pas seulement humain sous l'effet d'un génome spécifique. Il l'est aussi en vertu d'un projet parental de procréer, de sa reconnaissance juridique comme sujet de droit dès sa conception sous réserve de naissance viable sans oublier sa représentation dans la conscience publique comme porteur d'humanité... Reconnaître à l'embryon une dignité qui nous oblige au respect, c'est avoir plein souci de la potentialité biologique qu'il recèle et donc des conséquences de nos actes sur son avenir biomédical, plein souci de la représentation anticipée de la personne psychologique, sociale et morale dont l'édification a déjà commencé et donc des après-coups de nos choix sur sa destinée de sujet humain. »

L'embryon doit être reconnu comme une personne potentielle. La qualifier de potentielle ne rend en rien son respect facultatif, mais enregistre sa différence manifeste avec la personne réelle et spécifie en conséquence ce que la morale peut nous demander à son endroit, compte tenu des conflits possibles entre plusieurs libertés en présence.

L'embryon doit être tenu pour un être dont l'avenir possible assigne des bornes au pouvoir d'autrui.

Les fragments du corps humain

Un globule rouge vit cent vingt jours, une plaquette sanguine vit une semaine, la plupart des globules blancs ne vivent que quelques heures. Globules rouges, plaquettes, globules blancs sont ensuite remplacés par d'autres globules rouges, d'autres plaquettes, d'autres globules blancs. Et ainsi de suite tout au long de l'existence. Et cependant ces cellules éphémères peuvent donner la vie lorsqu'elles sont transfusées ou greffées à un autre homme en danger. Cette action salvatrice est ennoblie par la générosité du donneur, la générosité qui a permis le don de sang et d'organe. Ainsi en dépit de la brièveté de leur existence, les organes, les tissus, les cellules de l'homme font partie de son être, de sa personne, participent à la dignité de sa personne. Ils doivent être respectés. Ils ne peuvent être objet de commerce. Cette interdiction qui s'accorde avec la grandeur du don a déjà été évoquée aux chapitres précédents. Elle s'étend aux cellules qui, d'une autre façon, donnent la vie, les spermatozoïdes, les ovules.

Elle ne concerne pas les produits d'excrétion, la sueur, l'urine, les matières fécales.

Ni le lait. Depuis plusieurs millénaires, les sociétés humaines ont accepté de rétribuer les nourrices mercenaires. La diminution contemporaine très sensible du recours à ces nourrices n'est pas due à des réserves morales mais aux progrès survenus dans la préparation des laits en poudre, des laits condensés.

Le respect de la personne. Liberté et dignité.

Le respect de la personne est un devoir fondamental. Les scandaleuses expériences des médecins nazis sur des déportés traités comme des animaux de laboratoire ne doivent pas être oubliées. Le respect de l'homme en chaque homme est une obligation inconditionnelle qui doit être maintenue face aux périls du présent. Il ne s'agit pas de monopoliser les responsabilités mais de fédérer les vigilances.

Respecter une personne, cela veut dire avant tout que dans ma conduite avec elle, je me soucie de sa liberté à l'égal de la mienne.

La bio-éthique ainsi place au premier rang des principes qui la gouvernent, le respect de la liberté, le respect de la dignité de la personne.

Cette priorité morale a été remarquablement analysée par Lucien Sève dans le rapport sur la personne du Comité Consultatif National d'Éthique.

« A investir le respect de la personne humaine dans la considération de sa liberté, au sens le plus fort du mot, on lui donne à coup sûr le plus net des critères, mais ne court-on pas le risque de lui assigner du même coup des bornes trop étroites.

Certes, on l'a dit, respecter l'homme dont la liberté défaille plus ou moins profondément commande de lui prêter la nôtre, de la prêter jusqu'à l'embryon en attente de la sienne, être humain en soi s'il ne l'est pas encore pour soi selon une formule hégélienne. Mais nous sentons bien que nous ne sommes pas encore quittes, que nous devons aussi notre respect au mort quand sa liberté s'est pourtant éteinte à jamais, que l'entièreté de l'individu n'est pas son extrême frontière bien qu'au-delà d'elle rien de libre ne puisse se concevoir, qu'il nous faut l'attacher à la parcelle même d'homme, tel l'organe donné pour une greffe salvatrice d'autrui. N'est-il pas alors un projet trop subtil que d'y vouloir suivre le fil d'une personne toute fictive et dont l'hypothèse sans vraisemblance rendrait facultatif le respect.

Pour nommer ce qui justifie ce supplément d'obligation, la langue de la morale nous offre le secours d'un terme bien connu, celui de dignité. Idée à vrai dire en un sens inséparable de celle de liberté. Car la dignité n'est pas un fait dont le constat me contraigne, c'est une valeur que je décide de reconnaître. Idée qui porte plus loin pourtant qu'aux extrémités de la personne, l'estime due à tout ce qui relève de l'homme. Si elle étend le principe d'humanité au-delà même du simple devoir, c'est pour mieux entendre les réquisitions d'une conscience civilisée...

Jadis notion toute aristocratique et d'apparat, la dignité devient aujourd'hui la criante revendication d'innombrables êtres humains à qui l'on refuse la liberté, débordant ainsi jusqu'à la personne de droit en des concepts juridiques où elle n'est ni assez largement définie, ni suffisamment protégée. La dignité est cette lumière que sur tout humain la liberté du sujet moral projette de derrière l'horizon longtemps encore après son coucher et bien plus tôt que son lever. C'est cette qualité incorporelle qu'il faut attacher rigoureusement au corps de l'homme si l'on veut trouver en tout ce qui le concerne la ligne montante de l'humanisme.

Trouvera-t-on emphatique de dire que la dignité de l'homme est sans prix? Rien au contraire n'est mieux mesuré. C'est Kant, reprenant une vue profonde des anciens Romains, qui écrivait : “ Ce qui a un prix peut être aussi bien remplacé par quelque chose d'autre à titre d'équivalent; au contraire ce qui est supérieur à tout prix, ce qui par suite n'admet pas d'équivalent, c'est ce qui a une dignité. ”

Ce distinguo classique des moralistes entre la dignité, le prix, a pour notre éthique une importance capitale. Car s'il est au monde bien des facteurs possibles d'irrespect de la personne, de la misère qui l'écrase à l'idéologie qui la nie, d'inhumaines coutumes ancestrales à d'inquiétantes technologies modernes dans les questions qui nous occupent, il n'en est guère chez nous d'aussi omnipotent, d'aussi omniprésent que l'argent. »

La bio-éthique rencontre souvent les problèmes posés par l'argent, par le profit. Nous avons eu, nous aurons bien souvent l'occasion de les examiner.

LA PERSONNE – LA CONNAISSANCE

CHAPITRE IX

La connaissance

2. LA CONNAISSANCE

Paul Valéry, dans ses *Cahiers,* « Le serpent se mange la queue. Mais ce n'est qu'après un long temps de mastication qu'il reconnaît dans ce qu'il dévore le goût du serpent. Il s'arrête alors. Mais au bout d'un autre temps, n'ayant rien d'autre à manger, il s'y remet. Il arrive alors à avoir sa tête dans sa gueule. » C'est ce qu'il appelle *« une théorie de la connaissance ».*

Dans une scène un peu oubliée du *Soulier de Satin,* Paul Claudel relate le dialogue de deux universitaires castillans, tous deux en vêtements noirs, petits mantelets, petites fraises et grands chapeaux pointus. Ils vont enseigner en Amérique. La mer n'est pas bonne. Leur bateau est tombé au milieu d'une migration de baleines. Ils sont très mécontents, maudissent Christophe Colomb et Magellan, et Don Leopold-Auguste dit à son compagnon Don Fernand : « Vous l'avez dit Cavalier, il devrait y avoir des lois pour protéger les connaissances acquises. »

Et Mathias Lubeck *(Dieu et l'arbre de science).*

> « Le Docteur Faust a voulu tout savoir
> Il fut damné nous conte la chronique
> Ah le Bon Dieu n'a pas l'air de vouloir
> Encourager l'instruction publique. »

La question de la connaissance est aussi ancienne que l'homme ou plus exactement que la femme. Mais elle a été renouvelée, transformée par les progrès de la science, par l'accélération récente de ces progrès.

Les formes diverses de la connaissance

Le serpent de Paul Valéry élabore sa théorie personnelle de la connaissance. Mais ici c'est de l'homme qu'il s'agit. Les formes mêmes de la connaissance, les accès à la connaissance, les méthodes sont très divers. C'est cette diversité qu'il convient de rappeler avant d'aborder l'éthique de la connaissance.

Diversité des courants de recherche conduisant (ou espérant conduire) à la connaissance.

Un premier courant part de l'observation de l'homme malade et remonte vers le fondamental.

Un deuxième courant part de données biologiques fondamentales et descend vers les applications cliniques et thérapeutiques.

Dans l'un et l'autre cas la recherche peut être suscitée 1) par la constatation d'un fait fortuit, 2) par un programme rationnel (ou supposé tel) établi en fonction d'observations antérieures, 3) par l'espoir de vérifier un concept neuf, une hypothèse neuve. Dans l'un et l'autre cas, toute la recherche peut être remise en question, bouleversée par l'imprévisible, par un phénomène inattendu.

Diversité des hommes concernés. Hommes malades pouvant bénéficier à court, à moyen ou à long terme des résultats des recherches entreprises.

Hommes sains acceptant de se soumettre à une étude dont les hommes malades pourront bénéficier.

Hommes sains dont l'étude fera progresser notre

connaissance de la physiologie générale, de l'ergonomie, de conditions de vie anormales, du sport, etc.

Et l'on voit ainsi se succéder des devoirs différents. Devoir de porter secours à l'homme malade. Devoir plus général d'améliorer notre connaissance des maladies, des remèdes. Devoir plus général encore d'étendre notre connaissance de la physiologie de l'homme.

Ainsi peut être exprimée différemment la même diversité par la distinction entre 1) essais à finalité thérapeutique sur le malade ou sur l'homme sain, 2) essais sans finalité thérapeutique.

Diversité enfin des méthodes employées. Longtemps on a opposé les méthodes invasives, ouvrant d'une façon ou d'une autre le corps humain, aux méthodes non invasives. Cette séparation n'est peut-être pas fondée. Nous avons déjà rappelé que le prélèvement de quelques gouttes de sang est moins agressif qu'une vigoureuse investigation psycho-sociologique.

Connaissance et éthique

Tenir la connaissance pour le premier des devoirs. Placer au premier rang d'autres devoirs, respect de l'homme, de sa liberté, de sa dignité auxquels le devoir de connaissance doit être subordonné. Tenter de concilier ces diverses obligations. Nous décrirons ces trois situations en nous efforçant de nous limiter à la biologie, à la médecine.

Aristote, Claude Bernard, Jacques Monod

Claude Bernard pense que la morale des hommes de science n'est pas la morale du commun et que ces deux morales font aussi bien de s'ignorer. « L'impératif. » Il faut chercher à savoir n'est donc pas clairement un impératif moral ou bien il ne l'est pas pour tout le monde. Déjà Aristote réservait la vie d'étude aux rares hommes ayant à la fois le goût de la science et le loisir de s'y consacrer, tandis que la majorité trouve son bonheur dans d'autres styles de vie. Et Claude Bernard écrit : « Il n'y a aucune discussion possible entre les anti-vivisectionnistes qui hurlent contre les pratiques des gens de laboratoire et le chercheur anxieux d'arracher à la nature un secret ; ils ont des hiérarchies de valeur différentes. »

Depuis Claude Bernard, pendant plus d'un siècle, les sociétés humaines ont d'abord voulu dominer la science, la maîtriser. La science est devenue l'affaire de la société humaine tout entière. Du côté de la politique, des finances puisque les chercheurs dépendent des crédits proposés par les gouvernements, votés par les assemblées parlementaires. Du côté de la morale comme l'ont montré les débats sur la maîtrise de la procréation.

Mais dans le même temps, les hommes de science, certains hommes de science de haut rang, soumettent entièrement les sociétés humaines à la connaissance scientifique. Tel Jacques Monod dans sa leçon inaugurale du Collège de France.

« L'éthique de la connaissance est radicalement différente des systèmes religieux ou utilitaristes qui voient dans la connaissance non pas le but lui-même mais un moyen d'atteindre le seul but, la valeur suprême, le " souverain bien " dans l'éthique de la connaissance. Ce n'est pas, avouons-le, le bonheur de l'humanité, moins encore sa puissance temporelle ou son confort, ni même le γνορθθεανςο socratique, c'est la connaissance objective elle-même. Je pense qu'il faut le dire, qu'il faut systématiser cette éthique, en dégager les connaissances morales, sociales et politiques, qu'il faut la répandre et l'enseigner car, créatrice du monde moderne, elle est seule compatible avec lui. Il ne faudra pas cacher qu'il s'agit d'une éthique sévère et contraignante qui, si elle respecte dans l'homme le support de la connaissance, définit une valeur supérieure à l'homme lui-même. Éthique conquérante et par certains côtés nietzschéenne puisqu'elle est une volonté de puissance, mais de puissance uniquement dans la noosphère. Éthique qui enseignera par conséquence le mépris de la violence et de la domination temporelle. Éthique de la liberté personnelle et politique car la contestation, la critique, la constante remise en question n'y sont pas seulement un droit mais un devoir. Éthique sociale car la connaissance objective ne peut être établie pour telle qu'au sein d'une communauté qui en reconnaît les normes. Quel idéal proposer aux hommes d'aujourd'hui, qui sont au-dessus et au-delà d'eux-mêmes, sinon la reconquête par la connaissance du néant qu'ils ont eux-mêmes découverte? »

Dieu et l'homme

L'Académie du Royaume du Maroc consacre une session aux procréations artificielles. Préparant la session, l'excellent secrétaire perpétuel de l'Académie, le professeur Berbich, me demande conseil. Je suggère un plan en quatre parties : Biologie, Morale, Droit, Religion. « Non, me dit-il, en terre d'Islam, la religion gouverne tout. Il n'y a pas de biologie, de morale, de droit indépendants de la religion. » La réunion fut cependant un modèle de tolérance. Côte à côte, intervenaient les religieux musulmans, le cardinal Gantin, venu du Togo, noir et rouge, un grand rabbin américain, une grande dame anglicane...

Et le négociant égyptien, Ahmel Abd el Gawwal, héros du grand roman *le Palais du désir,* prix Nobel 1988, n'accepte pas que son fils étudiant poursuive l'étude de l'évolution contraire à la religion.

De même, encore tout récemment, certaines universités américaines n'autorisaient l'enseignement du Darwinisme que si parallèlement le Créationnisme était enseigné.

Comme l'écrit Jacques Monod « Dans pratiquement tous les systèmes mythiques religieux ou philosophiques, l'existence de l'homme prend son sens si l'on admet qu'il fait partie d'un plan général quelconque qui explique toute la nature et la création. » Et l'on ne sera pas surpris qu'il ajoute « l'adoption de la méthode scientifique, définissant la véritable connaissance comme ne pouvant avoir d'autre source que la confrontation objective de la logique et de l'observation, élimine ipso facto l'hypothèse animiste de l'existence d'une certaine subjectivité dans la nature. L'*objectivité* absolue de la nature est le postulat fondamental de la méthode scientifique, initialement formulée par Galilée et Descartes, dans le principe d'inertie qui a éliminé une fois pour toutes la physique et l'astronomie téléologiques d'Aristote. L'Église aurait plus de raison de condamner Galilée pour cette découverte inquiétante que pour sa défense du système de Copernic ».

Les théologiens, les philosophes spiritualistes sont inspirés par Dieu et défendent l'homme, image de Dieu. Ils observent avec inquiétude, avec réserve, certains progrès de la connaissance. Non pas seulement avec la crainte qu'a évoquée Verlaine.

« Frères, lâchez la Science gourmande qui veut voler

sur les corps défendus, le front sanglant qu'il ne faut pas connaître. »

Mais aussi par respect de l'homme.

Ce respect de l'homme n'est pas seulement le fait des spiritualistes. Depuis deux siècles le respect de l'homme, de ses droits a été affirmé par les philosophes qui ne considéraient que la vie terrestre de cet homme. Ce même respect a inspiré les constitutions, l'évolution politique des sociétés occidentales. Des penseurs de haut rang ont estimé que les progrès de la connaissance pouvant altérer la personne, priorité devait être donnée à la personne qu'il convient avant tout de respecter. Les fondements biologiques erronés de certaines théories racistes ont, pendant de douloureuses périodes de l'histoire, justifié ces craintes.

Les réserves, les critiques ne sont pas toujours des réserves, des critiques générales, concernant l'ensemble de la connaissance. Elles peuvent concerner certaines méthodes, certains objectifs.

On s'est ainsi interrogé sur les procédures de la recherche. Même si le but est louable, n'y a-t-il pas des méthodes qu'il convient de rejeter. Tout ce qui est scientifique n'est pas nécessairement éthique.

On s'est aussi interrogé sur certaines conséquences des recherches. On a, pour ne citer que cet exemple, fait remarquer que la victoire sur les maladies infectieuses, la diminution de la mortalité périnatale avaient aggravé la situation démographique des pays du tiers-monde.

De telles accusations ne peuvent être acceptées sans examen sérieux. Les découvertes de Pasteur et de ses successeurs ont diminué le malheur des mères accablées par la mort des enfants qu'emportaient septicémies, diphtérie ou tuberculose.

La recherche, avons-nous déjà rappelé, est souvent

imprévisible dans ses conséquences. Telle étude de cellules embryonnaires peut soudain inspirer une recherche efficace sur les cellules cancéreuses et là encore diminuer le malheur des hommes.

Les tentatives conciliantes

En fait la personne, la connaissance sont au premier rang des valeurs honorées par les sociétés contemporaines. On a pu penser qu'elles se fortifiaient mutuellement. La personne de l'homme est respectée par ce qu'elle apprend, par ce qu'elle connaît. Et la connaissance nous enseigne le caractère unique, irremplaçable de chaque personne.

Il ne s'agit pas, dans cet effort de conciliation, de gouverner au centre en sacrifiant des éléments essentiels de la connaissance de la personne. Il convient d'exalter l'une et l'autre, l'une par l'autre, et de définir les précautions nécessaires, les règles utiles. Plus précisément et successivement 1) de rappeler les principes sur lesquels se fonde notre action, 2) d'examiner les conditions d'application de ces principes.

« L'homme est la mesure des choses », disait déjà Protagoras.

Les principes

Premier principe, le respect de la science. Une formule est retenue depuis plusieurs années par les Comités d'Éthique. Ce qui n'est pas scientifique n'est pas éthique. Trop souvent les bases scientifiques des problèmes posés aux Comités d'Éthique ne sont pas assurées. Il n'appartient pas aux Comités d'Éthique de régler les questions scientifiques. Ces questions doivent être résolues en amont par les experts compétents.

Deuxième principe, les expériences sur l'homme ne doivent être envisagées que si elles sont seules capables d'apporter les solutions souhaitées. Trop souvent (encore que de sérieux progrès aient été observés en ces dernières années) les chercheurs se jettent littéralement sur l'homme. Dans de nombreux cas, les recherches expérimentales conduites sur l'animal, les études en culture de cellules in vitro apportent les réponses souhaitées et permettent d'éviter les essais sur l'homme. Même quand ces essais sur l'homme paraissent nécessaires, ils doivent être précédés de très fortes études préalables limitant ces essais même. C'est ce que le langage des spécialistes appelle le pré-requis.

Troisième principe. Fondamental. Le corps humain n'est pas objet de commerce. Depuis l'esclavage des sociétés antiques, la traite des Noirs des siècles passés jusqu'au trafic d'organes humains organisé sur certains continents, les abus ont été, sont nombreux et doivent être également condamnés. Face à ces abus historiques et géographiques, la position française est ferme et doit rester ferme. Le corps humain ne peut être ni vendu, ni loué. La France a été le premier pays, en 1945, à refuser la vente du sang et à organiser le don du sang. Ce refus, ce don du sang ont valeur de modèles. Certes de fâcheuses déviations existent. Il n'est pas rare que des personnes saines, se prêtant à l'expérimentation, soient rémunérées quasi officiellement. Mais ces déviations n'apportent pas par leur existence la justification de pratiques condamnables. Le volontaire sain doit être avant tout conduit par l'espoir de rendre service à la collectivité.

Ce principe, cette gratuité ont été contestés. Doublement. D'une part dans certains pays qui admettent la vente ou la location du corps humain en totalité ou par fractions. D'autre part, par les représentants de certaines firmes pharmaceutiques tenant pour désuètes, anachroniques, les exigences morales que nous avons rappelées.

La vigilance est ici indispensable. Son exercice pourrait, dans l'avenir, se trouver facilité par la limitation, évoquée ci-dessus, du nombre des essais sur volontaires sains.

Quatrième principe, le bilan risques-avantages doit être attentivement étudié. Avec des formes différentes selon que l'étude concerne un malade ou un volontaire sain.

S'il s'agit d'un malade, la question posée est à la fois proche de celle que pose toute application thérapeutique, et différente. Proche car tout acte thérapeutique prend en compte la gravité de la maladie traitée d'un côté, les inconvénients, les risques liés à la thérapeutique d'un autre côté. Différente car l'essai d'un traitement nouveau comporte par définition même une part inconnue, un risque difficilement mesurable. Inconnu, difficulté peuvent être limités par la rigueur des recherches sur l'animal, ou la culture de cellules. Limités, non abolis.

S'il s'agit d'un volontaire sain, le risque (dans la mesure où il est appréciable) doit être très petit. On peut admettre des inconvénients temporaires. On ne peut accepter ni danger prévisible, ni séquelles durables.

Deux réserves doivent ici être formulées : 1) Quelles que soient les précautions prises, un accident inopiné, exceptionnel est toujours possible. 2) Le chercheur expérimentant sur lui-même peut prendre des risques qu'il ne ferait pas courir à autrui. De grands progrès de la connaissance ont, dans le passé, été dus à de tels héroïsmes.

Cinquième principe, le consentement libre et éclairé. Nous avons déjà au cours du chapitre consacré aux essais thérapeutiques, souligné l'importance de ce principe et noté la diversité des situations rencontrées.

Nécessité absolue du consentement, de la liberté, de l'information lorsqu'il s'agit d'un volontaire sain.

Même nécessité absolue pour la majorité des malades acceptant par exemple d'entrer dans un essai comparé.

Mais nécessité de sagesse, de prudence lorsqu'il s'agit de malades condamnés. Il n'est pas toujours facile de les éclairer. Très gravement atteints, ils ne sont plus vraiment libres.

Dernier principe. Celui qu'inspire la solidarité unissant les hommes, les hommes sains et les hommes malades, les hommes malades du présent et les hommes du futur souffrant de la même maladie. Rien de plus émouvant que la chaîne de solidarité tissée entre les hommes. Ainsi l'observation attentive des enfants leucémiques soumis aux premiers traitements et mourant tous malgré ces traitements, a recueilli les informations qui ont permis d'améliorer ces traitements et de guérir aujourd'hui deux tiers des enfants leucémiques.

Et de même que des femmes, des hommes vont porter secours aux populations malheureuses d'Afrique ou d'Asie, de même des volontaires sont prêts à se soumettre aux essais qui permettront d'accroître la connaissance et, à échéance plus ou moins lointaine, d'améliorer la prévention ou le traitement de graves maladies. C'est parmi ces femmes, ces hommes généreux que devraient, en premier, être recrutés les volontaires sains de la recherche.

Ce généreux volontaire, ce vrai volontaire doit être parfaitement informé. « Il doit connaître le plus complètement possible l'objet de l'expérience, ses modalités, ses objectifs. Avec les chercheurs il va espérer son succès, se désoler de son échec. Il perdra l'image d'un être passif livré à de mystérieuses pratiques pour présenter celle du collaborateur d'un essai auquel il se trouvera essentiellement associé. Il va de soi que l'information qui lui est due devra se maintenir au rythme des résultats obtenus. C'est à cette seule condition qu'il échappera au statut désolant de cobaye et trouvera la pleine justification des efforts consentis. »

En fait l'éthique de la connaissance (tout au moins en biologie et en médecine) est fondée sur des philosophies très différentes, heureusement réunies. « La règle du consentement qui prescrit de ne faire à autrui que ce qu'il veut ou peut vouloir pour lui-même, se fonde sur un principe du respect de la personne humaine et de son autonomie qui se rattache à une morale personnaliste kantienne. La règle selon laquelle il faut calculer avant d'agir, maximiser les avantages en minimisant les risques, pour faire le plus de bien possible en évitant de nuire, se fonde sur le principe de bienfaisance qui se rattache à une morale utilitariste. La troisième règle se fonde sur " un principe de justice " qui conduit à se demander si dans la mesure où nos sociétés admettent qu'il faut faire de la recherche sur l'homme, elles ne devraient pas admettre corrélativement qu'il y a pour leurs citoyens un devoir de participer à cette recherche. »

Nous avons déjà indiqué que les situations rencontrées sont de deux ordres :

1) recherches ayant essentiellement pour objet l'amélioration du traitement des malades;

2) recherches ou études cognitives. On entend ainsi (selon la définition même donnée par le Comité

Consultatif National d'Éthique) « toute étude sur l'être humain en situation normale, pathologique ou artificielle, sans recherche de résultats comportant nécessairement une application à court terme si cette recherche est accomplie sur l'homme. Cet homme n'en tire aucun bénéfice. La recherche a pour objet la connaissance ».

En pratique la diversité des situations est très grande. Les exemples suivants en témoignent.

1) Certaines recherches sont en rapport avec les activités professionnelles nouvelles ou renouvelées. Telles les recherches portant sur les réactions de l'homme à la vie en apesanteur (voir page 49).

2) D'autres recherches en ergonomie, en médecine sportive ont pour objet d'améliorer directement les conditions de travail, les performances des personnes concernées. Ces personnes tout à la fois participent activement à l'essai et en tirent bénéfice dans leur vie professionnelle.

3) Toute proche est la classe déjà évoquée des chercheurs expérimentant sur eux-mêmes. Ils méritent admiration et gratitude. Aucune rémunération n'est alors envisagée. Il s'agit toujours d'un stade initial de recherches qui seront ultérieurement poursuivies sous d'autres formes.

4) Très particulière est la situation des pays en voie de développement. Seules sont moralement licites les recherches qui ont pour objet l'amélioration des populations concernées, en particulier la prévention de maladies graves, telles la bilharziose, la malaria. C'est ici le consentement éclairé qui pose problème car il est souvent malaisé de faire comprendre à des populations illettrées les conditions, l'objet des recherches. Malaisé mais non impossible si les efforts suffisants sont faits.

5) Est-il licite de faire aux opérés, avant, pendant, après l'intervention, des prélèvements de sang ou de tissus qui n'ont pas directement pour objet la maladie raison de l'intervention? Quelques centimètres cubes supplémentaires de sang prélevés, quelques grammes de tissu abdominal prélevés ne changent rien au sort du malade disent les indulgents. Il est vrai, mais ces prélèvements minimes sont à l'origine d'une chaîne qui peut conduire aux pires abus. Ces abus peuvent être évités et les examens nécessaires maintenus par une information précise soit particulière, soit générale, donnée par exemple dans les services de chirurgie.

6) Très variées, nous l'avons vu, sont les situations des volontaires sains selon qu'il s'agit de personnes généreuses ou motivées, ou de personnes non particulièrement motivées, répondant occasionnellement à un appel.

Les conditions expérimentales sont très diverses aussi. Comme nous l'avons déjà indiqué, la distinction entre méthodes invasives et méthodes non invasives est incertaine. Une question posée au cours d'une enquête psychologique peut, nous l'avons rappelé, être plus douloureuse qu'une piqûre.

Même si l'objectif est louable, tous les moyens qui permettent d'y parvenir ne peuvent être également acceptés.

On a proposé (encore un classement) le classement suivant :

D'un côté (hypothèse minimale) aucun risque pour le sujet, aucun intérêt non plus, aucune espèce de rémunération, consentement acquis.

D'un autre côté, des risques pour le sujet, aucun intérêt individuel, rémunération importante à la mesure des risques, consentement acquis.

Cette seconde situation est acceptable lorsqu'il s'agit (nous l'avons indiqué ci-dessus) d'un véritable travail avec participation de la personne en expérience.

En dehors de ces cas précis, elle ne peut être acceptée. Elle est contraire et au droit français et, d'une façon plus générale, à la bio-éthique.

Éthique et budget des nations
Éthique du choix des recherches

Des problèmes plus généraux encore se posent concernant les relations entre éthique, recherche, connaissance et économie des sociétés humaines.

Une excellente analyse de ces problèmes est donnée dans le rapport sur la Connaissance du Comité Consultatif National d'Éthique. Nous le résumons ici.

« L'argent joue un rôle en matière de recherche comme ailleurs. Certes l'homme de science peut parfois découvrir sans moyen financier, mais seulement dans quelques secteurs. Dans tous les cas à partir d'un certain stade, la finance doit soutenir la pensée et la technique. Ceci se traduit par des lignes budgétaires dont l'inscription reflète des choix. Comment s'effectuent ces choix au niveau du pouvoir exécutif et au niveau du pouvoir législatif? En fonction de la dépense à envisager mais aussi en fonction de l'objectif à atteindre. Existe-t-il une éthique de l'objectif de recherche? Dans l'affirmative sur quels critères et à quel degré doit se situer la réflexion éthique? Peut-on déterminer des critères justifiant la primauté du bénéfice collectif sur l'intérêt individuel? Prenons quelques exemples. La réponse sera-t-elle la même si :

En médecine, s'il s'agit de prévention, de traitement ou de palliatif d'une maladie?

En recherche sportive, s'il s'agit de la détermination des meilleures conditions pour la généralisation d'une pratique sportive ou de l'utilisation maximale des capacités d'un champion?

En recherche industrielle, s'il s'agit lors de la mise au point d'un prototype d'améliorer son rendement économique ou la sécurité des utilisateurs ou de diminuer la pollution?

En recherche militaire, s'il s'agit d'une meilleure adaptation des militaires à une nouvelle technique de combat ou de la mise au point de formes de combat épargnant les civils?

Le débat éthique dans le choix et la priorité des thèmes de recherche doit se situer à un niveau assez élevé. Il convient en effet d'éviter qu'un chercheur n'obtenant pas l'assentiment d'un organisme de recherche pour des raisons éthiques puisse l'obtenir auprès d'une autre institution de recherche publique ou privée, civile ou militaire qui soit plus laxiste en la matière.

Il importe de savoir si la dimension éthique est prise en compte dans une politique de la recherche et dans la mesure où elle l'est de veiller à ce qu'elle le soit en temps utile. Voici sur ce point un exemple très actuel : des progrès importants ont été réalisés en matière de procréation médicalement assistée. De nouvelles possibilités apparaissent. La recherche n'en continue pas moins aussi dans la lutte contre la stérilité. S'il faut choisir pour des raisons tenant à la minceur des enveloppes budgétaires, il y a une mesure à trouver permettant de fixer raisonnablement le cran d'arrêt acceptable. C'est peut-être le critère éthique qui fournira la réponse. Mais son utilité perdra beaucoup de sa force s'il intervient tardivement. L'évaluation éthique d'un projet tôt formulé incitera le chercheur à une réflexion initiale. Si au contraire celui-ci va de l'avant et qu'on apprécie éthiquement et de façon négative des résultats importants déjà obtenus, on risque soit l'inefficacité de la recommandation éthique, soit l'amertume du chercheur privé de crédits et de publications.

D'autres exemples caractéristiques montrent combien la société peut être interrogée à des moments différents par le chercheur : en génétique lors de la recherche d'identification d'un gène à l'origine d'une maladie ou lors de la mise au point d'une sonde en vue d'un diagnostic? En recherche spatiale, lors de l'élaboration d'une fusée permettant d'échapper à l'attraction terrestre ou lors de l'envoi du premier animal, du premier homme, ou lors de l'expérimentation à terre? On voit à quel point la détermination de l'instant d'intervention d'un Comité est importante.

Mais il faut également considérer les priorités interdisciplinaires et là aussi choisir. La masse budgétaire doit-elle être consacrée à la recherche en ergonomie, en sport ou en santé « stricto sensu »? L'éthique peut porter conseil. Et la réflexion ne saurait être entreprise utilement qu'à longue échéance. Au stade du débat parlementaire il est déjà trop tard. C'est bien avant que les matériaux de la réflexion doivent être préparés. C'est ainsi que les options à envisager sur les grands axes de recherche sont à examiner par une concertation inter-disciplinaire qui réunit les représentants des sciences dites dures et ceux des sciences de l'homme. En reprenant l'exemple de la procréation on dira que la recherche doit être assortie, pour recevoir l'approbation éthique, d'une vaste étude qui procède de la confrontation des biologistes, des juristes, des médecins, des sociologues, des démographes.

Au surplus n'est-il pas raisonnable de relier les prévisions de mesures économiques nécessaires en vue de rendre efficaces les progrès de la santé dans les pays sous-développés?

L'éthique de la connaissance est donc tenue de s'intégrer à une réflexion de grande ampleur sur le plan politique et la servir. C'est à ce prix qu'elle ne se bornera pas à la formulation de vœux purement abstraits et qui resteraient en grande partie sans portée véritable.

CHAPITRE X

Les frontières

Le philosophe peut rester dans sa tour, le théologien peut rester dans sa cellule. Mais les femmes, les hommes qui se consacrent à la bio-éthique sont dans le monde. Les questions qu'ils étudient peuvent être éclairées ou compliquées par les recherches poursuivies par d'autres disciplines.

« Les bornes des esprits sont leurs seules frontières », écrivait Lamartine.

Les frontières qui séparent le domaine de la bio-éthique des domaines voisins sont en fait diverses, complexes, parfois mouvantes.

Les nations sont à la fois définies et limitées par leurs frontières. L'examen des frontières de la bio-éthique permet de mieux la définir.

Frontières avec la science

Frontières avec la science d'abord.

L'étude de la connaissance, des relations existant entre connaissance et éthique, nous a déjà permis de décrire ces frontières. Frontières fort heureusement perméables, ouvertes à des échanges féconds. Mais aussi frontières fermées dans d'autres cas, évitant les confusions fâcheuses. Ainsi, voici quelques années, des images cruelles de télévision montraient la transplantation d'un cœur de babouin à un nouveau-né humain. Peut-être dans un avenir plus ou moins lointain, une telle transplantation sera possible. Actuellement nous ne savons pas franchir la barrière de l'espèce. Une telle tentative est contraire aux données de la science. Elle est donc immorale ou amorale. Ces échanges, ces entraves à la circulation sont largement fonction de l'activité, des sentiments des hommes de science, jadis appelés savants, aujourd'hui plus modestement nommés chercheurs.

Longtemps on pouvait les classer sous deux chefs. D'un côté les Ponce Pilate. « J'ai fait une découverte. Les conséquences ne me concernent pas. Que les Sociétés humaines se débrouillent. Je m'en lave les mains. »

D'un autre côté les inquiets, les malheureux. Tantôt la recherche va trop vite. Elle pourrait susciter de graves désordres. Et le chercheur isolé, troublé par ses propres découvertes, envisage de s'arrêter. Parfois c'est l'ensemble même des chercheurs concernés qui, comme à Asilomar, décide un moratoire. Tantôt la recherche stagne. La première rémission de leucémie aiguë d'enfant est obtenue en 1947. La première guérison survient en 1970. Bien souvent pendant ces vingt-trois ans, nous nous sommes interrogés. Les données biologiques fondamentales sont-elles suffisantes? Doit-on continuer ou arrêter les essais thérapeutiques?

Donc longtemps deux classes. Fort heureusement une troisième classe apparaît, celle des chercheurs conscients de leurs responsabilités et tentant, par les progrès de leurs recherches, de limiter les conséquences éthiques d'une recherche précédente. Ainsi la congélation des ovules va, dans quelques années, permettre d'éviter la production de ces embryons surnuméraires qui posent actuellement des problèmes moraux pratiquement insolubles.

Ainsi encore de l'aventure du paludisme des populations noires de Californie avec tour à tour 1) la gravité de ce paludisme, 2) la prévention proposée, efficace, par la primaquine, 3) les anémies très graves, parfois mortelles, provoquées chez 5 % de personnes saines par la primaquine, 4) la tension entre deux devoirs : pour protéger 90 à 95 % de la population avait-on le droit de risquer de tuer 5 % des membres de cette même population? 5) la solution apportée par les chercheurs avec la découverte du déficit enzymatique responsable, permettant de dépister, d'écarter les personnes fragiles.

De telles solutions sont très souhaitables, mais souvent ne sont pas trouvées. D'où deux dangers, la recherche sauvage ne tenant pas compte des impératifs moraux, la recherche entravée dans son développement par certaines rigidités morales.

Ces dangers ont pu être limités, d'une part par la création de Comités d'Éthique au sein des Institutions de recherche, d'autre part par l'exigence des revues scientifiques qui, avant de publier un travail original, souhaitent que ce travail ait reçu l'agrément d'un Comité d'Éthique.

Comme de nombreuses frontières entre les États, les frontières entre éthique et science doivent tout à la fois être ouvertes et néanmoins clairement définies.

Ainsi, et nous l'avons déjà rappelé, il n'appartient pas au Comité d'Éthique de se prononcer sur la valeur scientifique d'un projet de recherche. Si la valeur scientifique d'un projet de recherche n'est pas établie, le comité d'éthique doit refuser de l'examiner et le renvoyer vers l'instance compétente.

Frontières avec la médecine

La médecine est devenue une science. Elle n'est pas seulement une science.

Une convention en France est intervenue. Les questions éthiques posées par la recherche biologique et médicale sont examinées par le Comité Consultatif National d'Éthique. Les questions éthiques en rapport avec l'exercice de la médecine sont de la compétence des Conseils de l'Ordre des Médecins. Mais, de même que, de chaque côté de certaines frontières géographiques, existent des zones franches, de même de chaque côté de la frontière théorique qui sépare recherche et exercice de la médecine, existent des territoires communs. Ainsi la question des mères porteuses (ou plutôt vendeuses) a été soumise au Comité Consultatif National d'Éthique. Elle n'était plus fonction de la recherche médicale. Ainsi encore l'acharnement thérapeutique relève de l'une et l'autre discipline. Des solutions très simples ont été aisément trouvées : présence de représentants du Conseil National de l'Ordre au sein du Comité Consultatif National d'Éthique. Participation de membres du Comité Consultatif National d'Éthique aux travaux du Conseil National de l'Ordre.

Dans tous les cas la responsabilité du biologiste, du médecin est concernée. « Qu'il est profond, qu'il est réconfortant et toutefois qu'il est redoutable, qu'il est simple et toutefois qu'il est ambigu, juridique et magique en même temps, ce mot de six syllabes, responsabilité. » Et Jean Guitton, ouvrant ainsi, en 1966, le Deuxième Congrès de Morale Médicale, ajoutait : « Au fond la responsabilité, c'est la première idée que l'homme ait conçue. Le premier récit qu'il ait lu dans la genèse sur son origine raconte une faute personnelle et les conséquences sociales de cette faute. Adam est interrogé. Il doit répondre. »

Le médecin qui se trouve auprès d'un malade gravement atteint est responsable. Il affronte la redoutable épreuve de la décision. Comme on l'a bien souvent dit, toute médecine est une recherche. Le secours que l'on porte au malade présent est un devoir fondamental; mais la contribution au progrès de notre connaissance est aussi un devoir impérieux. Toute observation nous impose une obligation d'induction. La médecine concerne à la fois un homme et l'homme. Cette alliance ne peut être éludée. Ces deux devoirs sont inséparables. L'honneur des médecins est de tenter de les unir, leur mérite de réussir cette union.

« Que de fois j'ai vu dans nos campagnes, alors que le silence de la nuit, peuplé seulement par les gémissements du malade, enveloppait les champs et les bois, l'espérance illuminer souvent les visages parce que l'assistance avait cru percevoir le bruit lointain, à peine plus fort que le vrombissement d'un moustique, de la voiture du docteur. Le malade lui-même s'apaise alors et bientôt le thermomètre, comme une Parque momentanément vaincue par un Dieu plus ancien, tiendra immobile son fuseau d'argent. »

Mais cet apaisement, si bien décrit par Maurois avec l'aide de Proust, ne suffit pas. Très souvent le médecin affronte en pleine nuit, un problème médical très difficile, avec des éléments scientifiques et des éléments affectifs, problème qu'il doit résoudre seul.

Très loin de là, un grand savant, chef d'un important service hospitalier, marche de mur en mur dans son bureau. Faut-il tenter cette greffe de rein dont les conditions techniques ne sont pas satisfaisantes? Faut-il accepter le sacrifice du frère du malade qui offre de donner un de ses reins pour la greffe? La santé de ce frère est-elle suffisamment bonne? Est-on autorisé pour ce résultat incertain à faire courir ce risque au donneur? Et là encore, aussi solitaire dans ce grand Institut que le médecin de campagne dans sa ferme perdue, l'illustre néphrologue doit seul répondre à la question posée.

C'est là une différence profonde entre le biologiste et le médecin. Le travail des biologistes-chercheurs est un travail d'équipe. Certes le rôle du chef de l'équipe est important. Mais les décisions sont presque toujours collectives. Le médecin, lui aussi, recueille les informations les plus précises, y compris celles qu'apportent les ordinateurs, discute aussi avec d'autres médecins, consulte des spécialistes, mais vient le moment, dans les cas graves, où il doit seul, médecin de campagne ou professeur de faculté, prendre la décision dont dépend la vie d'un homme.

Frontières avec la philosophie

Au sein des grands empires, empire romain, empire mongol des steppes, des principautés, des états autonomes apparaissent parfois. D'abord partiellement soumis, ils deviennent presque indépendants et gardent pourtant des liens étroits avec l'empire.

L'éthique appartient aux philosophes. Elle a été, de Platon et d'Aristote à Spinoza, le thème de leurs réflexions. Mais la bio-éthique acquiert peu à peu son indépendance. Une indépendance très particulière, définie en quelque sorte par les échanges étroits établis entre biologie et philosophie.

Échanges qui ne sont pas constants et qui sont très divers. L'examen de ces relations entre philosophie d'une part et bio-éthique d'autre part permet d'ébaucher un classement.

Premièrc classe, les indifférents. Certes les grands philosophes grecs, les créateurs de l'éthique, ne pouvaient connaître la bio-éthique. La médecine était alors balbutiante. Pourtant un texte de Platon pourrait s'appliquer à notre consentement éclairé. « Si un médecin traditionnel trouvait un confrère en train de philosopher avec un malade et de lui expliquer tout le cours de la maladie depuis le début et la physiologie du corps, il se rirait de lui et lui dirait ce que ces médecins disent toujours : espèce de fou tu ne le soignes pas, tu fais son éducation alors qu'il demande à guérir et non pas à devenir médecin. » Le respect de la vie, il est vrai, est tenu par Hippocrate pour un devoir fondamental. Les recommandations hippocratiques portant sur la compassion, le dévouement, la décence, concernent au premier chef la déontologie. Mais certains philosophes contemporains tiennent pour excessive, abusive, l'émotion provoquée par les progrès de la biologie. Ils souhaitent rester éloignés de cette petite république périphérique agitée. Leurs réflexions hautes et hautaines ne doivent pas être troublées par ces remous qu'ils méprisent.

Deuxième classe : les captateurs. Ils annexent la principauté qui s'efforçait de conquérir son autonomie. Tout à la fois ils utilisent avec talent les données de la médecine, de la biologie, et négligent la révolution survenue. Ils oublient trop souvent que la médecine n'est pas seulement nourriture pour les philosophes, mais avant tout discipline cherchant à diminuer le malheur des hommes. Ils construisent des œuvres à la fois fortes et désincarnées au sens strict.

Troisième classe, les rénovateurs. Ils ont perçu l'importance des informations apportées par les révolutions médicales et biologiques récentes. Ils se penchent sur le Normal et le Pathologique. Ils notent que les progrès de la biologie renouvellent la forme, l'abord des questions fondamentales, apportent des informations inédites, très différentes de celles utilisées dans le passé et qui viennent s'allier aux données apportées par les études plus traditionnelles des philosophes.

Des échanges antérieurement inconnus ou impossibles s'établissent. Les progrès ou les changements de la biologique inspirent de nouvelles réflexions.

Telles celles de Paul Amselek montrant qu'il n'y a d'antinomie entre déterminisme et liberté qu'à la faveur d'une confusion anthropomorphique sournoise et tenace. « Cette confusion, c'est ce que j'appellerai la confusion du statut épistémologique du monde et du statut ontologique de l'homme : l'idée de *déterminisme* ou d'*indéterminisme* se rapporte au premier c'est-à-dire à la connaissabilité du monde, à la possibilité pour l'esprit humain de le soumettre à un traitement scientifique ; tandis que l'idée de liberté correspond à une particularité fondamentale de la structure ontologique de l'homme, à l'existence évidente, chez l'être humain, d'une faculté ou fonction psychique spécifique, la faculté de s'autodéterminer, de fixer lui-même ses propres comportements, de se gouverner, de se conduire. »

Telles celles de France Quéré écrivant :

« Nous existons avec un corps souffrant. Le passé a bâti son humanisme sur l'Apollon du Belvédère ou sur le Cogito de Descartes. Mais l'humanisme peut aussi s'élaborer à partir du corps souffrant et refleurir selon cette vision éthique devenue le fondement de la philosophie et qui ne lui interdit nullement de regagner les altitudes où l'avaient conduite ses méditations de l'homme en gloire. »

Frontières avec la théologie

Comités d'Éthique et théologiens. En 1985, le Comité Consultatif National d'Éthique est appelé à donner son avis sur les mères « porteuses » ou dites porteuses. « Rien de nouveau, nous dit l'éminente théologienne qui représente la famille spirituelle protestante au sein du comité, Abraham, Sarah, Agar, la première mère porteuse est dans la Bible. » « Non Madame, répond le représentant de la pensée islamique. L'histoire que vous évoquez est celle du premier cas connu de polygamie. »

Le professeur A. Steg est à la fois chirurgien de haut rang, théologien, philosophe. Lors d'une réunion de 1988 il évoque ces problèmes moraux posés par les progrès de la biologie. « Il est bien probable, dit-il, que Dieu assiste goguenard à l'agitation, aux discussions des hommes de science et des moralistes. »

Au printemps de 1987 se tient au Japon un important Congrès International de Bio-Éthique. Les organisateurs du congrès m'ont fait l'honneur de me demander de prononcer la conférence d'ouverture consacrée à une relation des travaux du Comité National Français. L'orateur qui me succède est un éminent prêtre bouddhiste. « J'ai écouté avec intérêt notre collègue français, dit-il, mais je dois vous avouer que je ne connais pas les dates de ma première naissance, de ma deuxième naissance, de ma troisième naissance, ni les formes animales successives que j'ai revêtues. Les diverses questions posées par les procréations artificielles, le génie génétique, me paraissent assez éloignées de mes préoccupations. »

Les frontières ouvertes et fermées. Les fanatiques, ceux de l'Inquisition comme les disciples des ayatollahs, ne veulent rien entendre. Mais entre théologiens et moralistes athées, de féconds échanges sont possibles. Certains principes, certains devoirs sont acceptés, reconnus, affirmés par les uns et les autres. Ainsi le respect de la vie, l'amour du prochain.

Cependant lorsque, situation assez fréquente en bioéthique, existe une tension entre deux devoirs essentiels, les réponses données par les théologiens et les moralistes athées peuvent être différentes. Exemple éclatant, l'interruption volontaire de grossesse. Avec pourtant des aspects divers. Ainsi de nombreux théologiens admettent, tiennent pour licite l'avortement provoqué si la grossesse met en danger la vie de la mère. Si un cancer de l'utérus est constaté au début de la grossesse, l'hystérectomie, c'est-à-dire l'ablation chirurgicale de l'utérus, peut être acceptée. De la mort certaine, celle due à un cancer qu'on laisse évoluer, à la mort probable, à la mort seulement possible, toute une chaîne de risques inégaux existe. Entre le respect de la vie de ce fœtus et la sollicitude qu'inspire le destin de la mère, la tension peut être forte, la solution difficilement trouvée. Les formes revêtues par ces conflits de devoirs, par ces tensions, sont très diverses.

L'espérance évolutive. Les théologiens inspirés par leur foi, les hommes de science, persuadés, surtout au début de ce siècle, de tenir la vérité, ont longtemps été, les uns et les autres, rigides. Entre les uns et les autres les frontières étaient représentées par des fortifications escarpées, par des murailles de Chine s'élevant jusqu'au ciel. C'est ainsi que Galilée fut condamné.

Tout change si, à ces jugements statiques, on substitue une prévision évolutive prospective. L'homme de science, même s'il ne croit pas au ciel, tient pour probables, dans un avenir éloigné, peut-être très éloigné, de fortes améliorations du sort des hommes. Il se rappelle la prodigieuse aventure du monde vivant, de l'algue bleue à homo sapiens, laissant prévoir de nouvelles aventures.

Le théologien lucide sait bien que l'homme n'est pas achevé, qu'il n'a pas connu son plein développement. Il sait, comme l'a indiqué Jean Guitton, que l'évolution engendre de l'improbable. Il pense que l'avenir apportera les solutions aujourd'hui impossibles à prévoir des problèmes qui se posent aux frontières de l'éthique et de la théologie.

Saint Thomas. Dès maintenant il est possible d'évoquer saint Thomas.

« Autre chose est d'instaurer, de régir ce qui est engendré à partir du plus intime, du plus sublime centre des causes car telle est l'œuvre de Dieu seul.

Autre chose est d'accomplir, selon les facultés qu'il octroie, quelque opération extérieure qui produise telle ou telle chose utile, à tel ou tel moment, de telle ou telle façon. »

Frontières avec la politique

Tantôt le pouvoir politique commande la médecine, oriente la médecine et parfois la corrompt en fonction de fins purement politiques. Tantôt il plante sur ses entreprises le drapeau de la médecine pour les faciliter. Comme le rappelle Michel Foucault : « Entre 1680 et 1740, à l'appel de l'Église catholique tout entière et du gouvernement, contre l'explosion du mysticisme protestant et janséniste, déclenchée par les persécutions, à la fin du règne de Louis XIV, les médecins ont été convoqués par les autorités ecclésiastiques pour montrer que tous les phénomènes de l'extase, de l'inspiration, du prophétisme, de l'Esprit Saint, n'étaient dus (chez les hérétiques bien sûr) qu'aux mouvements violents des humeurs et des esprits. »

Le viol des frontières

Les frontières qui séparent la politique de la bioéthique doivent rester fermées. Leur ouverture, permettant des échanges entre les deux territoires, a eu parfois des conséquences heureuses, a plus souvent suscité des crimes.

Conséquences heureuses. La quarantaine, imposée par les autorités portuaires, limite certes la liberté des individus, mais limite plus sûrement l'extension des épidémies.

Les vaccinations obligatoires, conséquences directes des travaux des biologistes, sont décidées par le pouvoir politique et imposées ensuite à la population. Elles ont permis, pour ne citer que ces exemples, la disparition de la variole, la forte diminution de la diphtérie et de la poliomyélite.

Les crimes. Les séquences ici sont toujours à peu près les mêmes. 1) Des hommes de science, des sociologues, des philosophes, parfois illustres, souvent obscurs, procèdent par affirmations non vérifiées, défendent sans preuve des théories biologiques très vite tenues par eux pour des dogmes. 2) Les despotes, les dictateurs modernes vont se servir de ces dogmes biologiques erronés comme moteurs de leur action, c'est là un fait nouveau. Ni Attila, ni Gengis, ni Tamerlan n'avaient employé pareilles méthodes. Hitler utilisera largement le faux dogme de l'inégalité biologique des races humaines. 3) Autre fait nouveau, cruellement nouveau, le dictateur va confier aux médecins l'exécution (dans tous les sens du mot) des actions qu'il a décidées. D'où un double viol des frontières entre certaine biologie et la politique d'abord, entre la politique et la médecine ensuite.

Ces crimes commis furent très divers : 1) Le génocide, la destruction de populations entières (Juifs, Tziganes en premier) populations tenues pour biologiquement inférieures ou nuisibles. 2) Le meurtre des malades incurables ou supposés incurables, des enfants malformés. 3) L'utilisation pour de scandaleuses expériences des personnes appartenant à ces catégories. 4) Et, différent mais également condamnable, le recours, à l'époque stalinienne, à la psycho-pharmacologie, pour éliminer ou enfermer les opposants.

L'indignation provoquée par les crimes du bio-despotisme, l'analyse de ces crimes pendant le procès de Nuremberg, ont inspiré un des grands courants créateurs de la bio-éthique. Les tentations souvent renaissantes de l'eugénisme ont pu être jusqu'à présent rejetées. Mais des ambiguïtés persistent.

Les ambiguïtés. Quelle est la vraie frontière en pouvoir politique? Deux exemples montrent qu'il peut être malaisé de tracer cette frontière.

Les autorités médico-administratives des grandes îles de la Méditerranée, accablées par les dépenses entraînées par le traitement des enfants thalassémiques, ont recommandé, on l'a vu, le diagnostic in utero et l'interruption de la grossesse au cas de thalassémie majeure. Il ne s'agit que de recommandation, mais ne se trouve-t-on pas en présence d'un abus politique, d'une entrée de la politique dans la vie de chaque famille?

La peste, le choléra, le typhus ont dans le passé fait tant de ravages que les mesures imposées par le pouvoir politique (isolement, déclaration obligatoire) sont moralement acceptées. Le péril couru par la collectivité justifie cette atteinte aux droits de la personne.

Mais les épidémies sont de gravité très inégale. Où, quand commence la justification de cette priorité accordée à l'individu? L'histoire récente du Sida est faite d'hésitations, d'incertitudes, de discussions entre recommandations et obligations. Et la tuberculose posait, voici un demi-siècle, des questions analogues.

La viscosité administrative. Le ministre souhaite, à propos d'un problème nouveau, recueillir l'avis du Comité Consultatif National d'Éthique. Il souligne dans sa lettre et l'importance de la question posée et son urgence. Le Comité se met au travail, analyse avec grande attention les divers éléments de la question et, après deux ou trois mois, rend sa réponse, envoie son avis au ministre. Une décision rapide va être prise par le ministre, ainsi éclairé. Point du tout. Trimestres, semestres, années se succèdent. Constatant avec étonnement cette léthargie, le Comité interroge les bureaux ministériels. Parfois il comprend que la décision peut exposer le ministre à quelque péril parlementaire. « Je ferai peut-être passer ce texte à l'Assemblée à trois heures du matin » nous dit héroïquement un jour un haut fonctionnaire. Plus souvent c'est la torpeur. Ou peut-être une torpeur apparente. L'étude des relations entre éthique et droit permet d'apporter quelques explications et de proposer des solutions.

Une école d'été pour Chefs d'État. Le Mouvement Universel de la Responsabilité Scientifique a été créé par le Recteur Robert Mallet en 1977. J'ai eu l'honneur, dès ce moment, d'appartenir au Conseil de Direction du mouvement. Très vite nous avons constaté que les difficultés rencontrées étaient dues pour une large part à l'insuffisante connaissance que les hommes d'État avaient des questions scientifiques, de leur rapide évolution, des problèmes nouveaux que cette évolution posait aux sociétés humaines. C'est ainsi que j'ai été conduit à proposer la création, l'organisation d'Écoles d'été pour Chefs d'État. Dans une île grecque se trouveraient ainsi réunis, pendant deux ou trois semaines, responsables politiques de haut rang et hommes de science. Réunions de groupes, colloques, entretiens personnels permettraient aux uns et aux autres de se connaître, surtout de connaître la complexité, la nouveauté des questions posées.

La conduite des sociétés humaines aurait pu, semble-t-il, tirer grand bénéfice de telles rencontres insulaires. Le projet prit corps. Des invitations furent adressées. La seule réponse positive fut alors donnée par le Premier ministre canadien Trudeau. Tous les autres Chefs d'État ou de gouvernement étaient trop occupés, ne pouvaient envisager de s'absenter. L'île grecque resta vide.

Bio-éthique et Sociétés

La fonction principale de la bio-éthique est l'étude des relations existant entre la recherche biologique et médicale d'une part, les sociétés des hommes d'autre part. Les principes qui gouvernent ces relations ont été maintes fois rappelés au fil des chapitres précédents. De même ont déjà été examinées les questions plus concrètes concernant l'homme sain ou malade objet de recherches précises, essais de nouvelles thérapeutiques, études épidémiologiques.

Comme le rappelle justement François Raveau : « Quel extraordinaire révélateur des structures culturelles des Sociétés que de les interroger sur leurs manières de gérer les savoirs dérangeants. »

Bio-éthique et familles des malades

Lorsque l'état du malade, altéré dans des conditions variées, ne lui permet pas de donner son consentement éclairé, il est sage en pareil cas d'informer très exactement sa famille, de solliciter son accord. Dans les services hospitaliers consacrés aux maladies graves, mettant au point les méthodes nouvelles peut-être salvatrices, des relations étroites doivent être établies entre familles des malades et médecins responsables. J'ai, pour ma part et pendant plus de trente ans, consacré chaque jour ma première heure d'hôpital de sept heures et demie à huit heures et demie à ces entretiens avec les parents des malades qui nous étaient confiés.

L'opinion des parents est presque toujours généreuse, utile. Presque toujours mais non toujours, l'opinion pouvant dépendre des intrigues de la comédie bourgeoise.

Un octogénaire, industriel très fortuné, est atteint, depuis deux ans, d'une leucémie lymphoïde chronique. Survient un accident cardiaque. La pose d'un stimulateur, d'un pacemaker est envisagée. Les deux fils du vieillard viennent trouver l'hématologue responsable du traitement de la leucémie, lui rappellent ses positions bien connues, son opposition à l'acharnement thérapeutique, lui demandent de déconseiller la pose de ce stimulateur.

Une rapide enquête apprend au médecin que la demande de ces deux beaux messieurs n'est pas inspirée par le désir d'éviter à leur père des souffrances inutiles, mais par l'existence d'un testament très particulier. La petite-fille du vieillard, âgée de seize ans, fille d'une fille décédée, devait être seule héritière si elle atteignait sa majorité avant la mort du vieillard. Le stimulateur fut posé. Le vieillard vécut quelques années. La jeune fille hérita.

« La pédiatrie serait facile s'il n'y avait pas les parents », cette remarque du professeur Robert Debré est assez souvent vérifiée. Les questions éthiques particulières à l'enfant sont examinées dans un chapitre spécial.

Les associations

Laissons ces observations trop sévères. Le rôle général des familles, lorsqu'il s'agit de bio-éthique, a une très grande importance. Les informations apportées par les associations familiales sont très importantes, comme sont très importantes les études qu'elles conduisent. Et une représentante éminente de ces associations siège depuis 1987 au Comité Consultatif National d'Éthique.

Il s'agit là d'associations familiales générales. Les relations établies entre Comités d'Éthique et Associations de malades ou de familles de malades méritent une analyse particulière. Il est indispensable de tenir le plus grand compte de leur opinion. Affrontant le malheur, touchées dans leur chair par la maladie, par l'infirmité, ces personnes, dont l'intelligence, la sensibilité ont souvent été affirmées par la souffrance, sont d'un très grand secours. Avec des sentiments altruistes, elles suggèrent des changements, des orientations qui viendront améliorer le sort des malades futurs.

Deux solutions peuvent être envisagées : 1) présence d'un représentant de ces Associations de malades ou de familles de malades au sein des Comités d'Éthique, 2) relations étroites de ces Associations avec les Comités d'Éthique sous forme d'entretiens, de consultations.

La seconde solution est en l'état actuel préférée et a eu d'utiles conséquences.

Les frontières avec l'économie

« L'argent n'a pas d'odeur... Et effectivement l'argent pourrait sentir la sueur, le sang, la matière fécale ou le sperme.

Et bien pas du tout, il ne sent rien, mais par contre qu'il est doux au toucher avec son contact froid.

Qui cependant a le don de nous réchauffer les doigts.

Gloire donc à l'argent cordial, souple et inodore.

Qui dispense aux humains l'obscène mandragore. »

Laissons là Mathias Lubeck et sa Mandragore. La bio-éthique, presque à chacune de ses démarches, rencontre l'argent. L'argent cordial, souple, inodore, franchit les frontières, fermées à tous, poreuses pour lui.

Les questions posées par les relations de la bio-éthique avec l'argent ont déjà été examinées au cours des chapitres précédents. Elles concernent 1) l'État, la société humaine tout entière, 2) l'homme tout entier aussi, 3) les organes, les tissus, les humeurs de cet homme.

L'État, l'argent, la bio-éthique

En 1959, un Conseil Interministériel assemble les ministres concernés d'une part et, d'autre part, les hommes de science, membres du Comité Consultatif de la Recherche Scientifique et Technique. Entre les séances, les entretiens se poursuivent dans le beau jardin de l'hôtel Matignon. Le ministre des Finances est très entouré. Raymond Latarjet, membre éminent du Comité, rappelle au ministre que la France ne consacre à la recherche qu'une très petite partie de son budget. Les crédits affectés à la recherche sont beaucoup plus élevés aux États-Unis, en Grande-Bretagne. Le ministre paraît intéressé. Son visage s'éclaire. Nous sommes pleins d'espoir. Mais soudain : « Vous me dites, monsieur le Professeur, que les États-Unis, la Grande-Bretagne consacrent à la recherche des sommes importantes. Mais laissez-les faire. Nous ne dépenserons pas davantage. Nous utiliserons leurs découvertes. »

Un classement des hommes d'État peut ici être proposé.

Les adversaires ou les indifférents d'abord. La recherche les dérange. Ils n'en perçoivent pas l'importance. L'un d'entre eux exaltait le médecin de campagne et proposait la suppression de la plupart des centres de recherche.

Les hypocrites ensuite. Ils évoquent souvent la recherche dans leurs discours. Leurs actes ne suivent pas. Ils ne font rien.

Les intermittents. Une année ils accordent à la recherche des crédits importants. L'année suivante ces crédits disparaissent ou sont amenuisés. Soumis à cette déplorable alternance, la recherche stagne.

Les vrais défenseurs de la recherche enfin. Pour nous limiter aux disparus, le Général de Gaulle et Pierre Mendès France ont ici valeur de modèles. Tout à la fois ils ont compris que le destin de la nation dépendait pour une large part des progrès de sa recherche, que des crédits importants devaient en conséquence être accordés à cette recherche, que seul un plan de plusieurs années assurait la continuité, les progrès de cette recherche.

Une grande firme industrielle étrangère décide de consacrer à la recherche la totalité des bénéfices dus à la vente des médicaments qu'elle prépare. Les dividendes de ces actionnaires viendront des profits liés aux autres activités de la firme, chimie, agronomie et non pas de la pharmacie.

Je me permets, lors de diverses interventions orales ou écrites, de souligner la portée morale de cette décision. Deux très éminents dirigeants de l'industrie pharmaceutique française, sensibles à ces interventions, ont avec moi un entretien. L'un des deux est sincèrement troublé et cherche honnêtement une solution. L'autre est un pharisien. Il voudrait à la fois accroître notablement sa fortune et être tenu pour un homme d'une moralité irréprochable.

En fait l'industrie pharmaceutique, ses profits posent d'importants problèmes de bio-éthique.

Dans les pays qui vivent en économie libérale et capitaliste, le profit est normal. Il est même un des moteurs des entreprises et de leur expansion. Assurément. Mais peut-être pas pour les industries consacrées à la santé de l'homme, au traitement des maladies, de leurs conséquences. Les systèmes de protection sociale, de solidarité ont limité les charges économiques qui pèsent sur les malades et leurs familles. Limité sans les supprimer. D'un côté le malade, les siens, dont le malheur est aggravé par les soucis financiers. D'un autre côté l'homme fortuné qui a investi des sommes considérables dans l'industrie pharmaceutique et en tire de substantiels bénéfices. Cette opposition manichéenne (comme dit le jargon de notre temps) est certes excessive. Elle doit être nuancée. Il est des malades riches et des actionnaires de condition modeste. Mais elle demeure vraie dans l'ensemble. L'industrie pharmaceutique s'honorerait en suivant l'exemple de la grande firme européenne que nous avons rappelé.

L'homme entier

De l'Antiquité grecque aux Temps Modernes, des Sociétés de haute culture, inspirées, parfois gouvernées par de grands philosophes, ont admis, encouragé l'esclavage. De même à l'époque contemporaine, de grandes nations admettent l'organisation, le développement d'expériences portant sur des femmes, des hommes rétribués. C'est l'argent qui est moralement inacceptable. Que des femmes, des hommes généreux, désireux d'agir pour le bien de l'humanité, se prêtent gratuitement à de telles expériences, non seulement n'est pas choquant mais mérite la gratitude. Nous avons déjà évoqué le dévouement, l'abnégation des donneurs de sang et de peau. Mais la location par des femmes, des hommes très pauvres, de leur corps doit être condamnée avec vigueur.

Organes, tissus, humeurs

Du corps entier on passe en effet à la vente, à la location d'organes isolés, de tissus, de sang. Ce commerce, généralement limité à la transfusion du sang, avait paru initialement licite. Des désordres se sont ensuite produits, telles ces menaces de grève des donneurs de sang qui demandaient une augmentation du prix du gramme du sang qu'ils vendaient.

La France a l'honneur d'avoir été, après 1945, le premier pays refusant la vente du sang, organisant le don du sang. Avec le succès moral et technique que l'on sait. Cette éthique du don du sang a ensuite été étendue aux organes donnés et non vendus. Cette organisation, fondée sur la gratuité, la générosité, la solidarité, fonctionne de façon satisfaisante en France et dans d'assez nombreux pays.

Mais dans d'autres pays, une dérive se produit. Vente du sang par des miséreux titulaires de plusieurs fausses cartes d'identité, se prêtant ainsi à des prélèvements trop fréquents d'un sang appauvri, location d'utérus dans la déplorable aventure des mères dites porteuses, enchères disputées entre les représentants de milliardaires malades cherchant à acquérir le rein d'un homme juste mort, vente à retardement de son squelette par un pauvre homme payant ainsi la dot de sa fille, les exemples sont nombreux de cette corruption progressive.

Le don est la seule solution moralement acceptable. Le corps humain ne peut être objet de commerce. Ni en totalité. Ni en partie.

De l'âge du fer à l'âge de l'or

L'éthique a d'abord combattu le fer. L'interdiction est ancienne. Elle est inscrite dans le cinquième commandement de la loi mosaïque : « Tu ne commettras pas de meurtre. » Les infractions restent fréquentes, de sérieuses difficultés persistent mais de notables progrès ont été accomplis depuis le temps des premières sociétés humaines.

Et voici que l'éthique rencontre un autre métal ennemi. Il ne s'agit pas de l'âge d'or mais de l'âge de l'or. Au long des millénaires, le profit est tantôt loué, tantôt critiqué. Il est actuellement révéré. Il envahit tous les domaines. Il tente de s'approprier, il s'approprie le corps humain. De nombreuses nations, on l'a vu, acceptent et souvent encouragent cette vente du corps humain en gros et en détail. Les barrières établies en France résistent encore. Pour combien de temps? Il ne nous appartient pas de porter un jugement sur la place du profit dans les sociétés contemporaines. Mais il est important de souligner les dangers liés à l'évolution actuelle de la relation entre le profit et le corps humain. Il est permis de souhaiter ici un réveil de la conscience éthique.

Au « Tu ne commettras pas de meurtre » de l'âge du fer devrait répondre le « Tu ne vendras pas, tu ne loueras pas le corps humain » de l'âge de l'or.

Frontières avec le Droit

D'imprécises frontières

Les frontières qui séparent les nations sont souvent nettes, un fleuve, une chaîne de montagnes. Parfois ces frontières sont imprécises, une mer avec les limites contestées des eaux territoriales, un désert encore inexploré.

Les frontières entre la bio-éthique et le droit appartiennent à cette deuxième catégorie. On ne savait où les tracer. On ne savait pas organiser les échanges nécessaires entre les deux territoires.

L'exploration indispensable a été conduite au Conseil d'État par un groupe de travail qu'animait le président Braibant. De l'éthique au droit, tel est le titre du compte-rendu de cette exploration, du rapport établi par le Conseil d'État.

De l'éthique au droit

Avec en premier lieu une constatation. Les Comités d'Éthique et particulièrement en France le Comité National donnent des avis, proposent, mais ne sont en rien des instances de décision. Ces comités n'ont aucun moyen de savoir si leurs avis sont suivis par les chercheurs. Ils peuvent longtemps appeler de leurs vœux une législation qui ne vient pas. Les comités disent l'éthique mais ils ne peuvent dire le droit. Or le droit ne peut rester silencieux quand il s'agit de questions très fondamentales, renouvelées ou même créées par les progrès de la biologie, qui est le père? qui est la mère? que peut-on faire sur l'homme? que peut-on faire du corps humain?

En deuxième lieu une explication proposée donc par les juristes eux-mêmes, l'insuffisance du droit positif.

Tantôt le droit est silencieux. Le droit nc pouvait prévoir à l'avance les progrès de la recherche, leurs conséquences. Les essais de médicaments ont longtemps été conduits en dehors de toute disposition légale. Comme aussi les dons de sperme et les fécondations in vitro, pour ne citer que ces exemples.

Tantôt le droit est incertain. « Il ne permet pas, par exemple, dit le Conseil d'État, d'élaborer un statut juridique du corps humain. En tant que tel, le corps humain est d'ailleurs absent du Code Civil. S'il est implicitement présent, sinon indispensable en tant que substratum de la personne, les principes qui le régissent sont peu souvent explicites, se contredisent parfois et ne sont que rarement sanctionnés en pratique. Ils sont en outre éclatés entre des disciplines juridiques diverses, droit civil, administratif, social, pénal, entre des règles de droit, de déontologie, ou d'usage, et cette dispersion rend leur saisie et leur compréhension encore plus difficiles. »

Tantôt le droit a simplement besoin d'être éprouvé. Les principes posés peuvent être utiles. Mais il faut les confronter aux faits, « en vérifier la solidité et la cohérence; mise à l'épreuve levée des ambiguïtés et comblement des lacunes s'imposent ».

Ensuite des solutions ou, plus exactement, des propositions de solution. Avec deux grandes orientations. Du côté de la bio-éthique, la jurisprudence paraît devoir être préférée aux lois. Cette préférence est justifiée par la rapidité des progrès de la recherche qui rendent désuète telle loi relativement récente. Ainsi la molécule découverte par Baulieu, RU 486, va (lorsque auront été réglées les quelques questions scientifiques qui persistent) provoquant l'interruption de grossesse quelques jours après la conception, rendre périmées, inapplicables, les dispositions de la loi sur l'interruption volontaire de grossesse de Simone Veil.

Du côté des légistes, la nécessité des lois est affirmée. Refuser la loi « c'est dissimuler que beaucoup parmi les praticiens eux-mêmes réclament des textes, demandent des textes qui relèvent moins de la déontologie que des normes sociales. Seule cette attitude garantirait contre l'arbitraire. C'est oublier également, sous prétexte de défendre la liberté de la recherche, le classique aphorisme de Lacordaire selon lequel " entre le faible et le fort, entre le pauvre et le riche, c'est la liberté qui opprime et c'est la loi qui affranchit ". C'est surtout préférer à la loi d'autres procédés d'élaboration du droit, la coutume, la pratique, la jurisprudence ».

Et les auteurs du rapport du Conseil d'État ajoutent : « Peut-on éviter de recourir à la loi quand, du fait de la procréation médicalement assistée, peuvent se trouver mis en cause notre droit de la filiation, ou encore l'idée que les Français se font de la famille et des besoins de l'enfant, quand, à terme, peuvent être bouleversées certaines articulations sociales essentielles, comme la transmission du patrimoine ou du nom, quand commencent à se nouer les premiers conflits entre les techniciens de la vie et les usagers de la médecine exigeant le droit d'accéder à ces nouveaux modes de procréation, quand encore les pouvoirs publics sont confrontés au maintien d'un dispositif de protection sociale ouvert à tous alors que se développent des techniques sophistiquées, onéreuses, et qui, plus est, d'un faible rendement, quand enfin se posent avec acuité des questions de santé publique ou d'organisation de la médecine.

Les enjeux de l'utilisation scientifique et médicale du corps humain ne sont pas moins essentiels. Leur développement dans le cadre initial qui déborde aujourd'hui la relation thérapeutique intime et discrète ouvre des pouvoirs sur l'homme qu'un état de droit ne peut laisser s'exercer comme de simples prérogatives de fait. Les pouvoirs de certains hommes, au moyen d'autres hommes et au bénéfice (établi ou non) d'autres hommes encore ou de la communauté humaine, ne portent pas en eux-mêmes le principe de leur légitimité et les conditions de leur légalité. »

L'importance des divergences entre partisans de la jurisprudence et partisans des lois ne doit pas être exagérée. L'espace et le temps ici interviennent. L'espace : le nombre des lois doit être limité. Le temps, la situation est évolutive. Les lois peuvent parfaitement être modifiées en fonction des données nouvelles apportées par les progrès de la science. Il est nécessaire de rappeler ici l'importance d'études préalables, longues, approfondies, de consultations de personnes compétentes, de réflexions, de participation à ce travail de nombreux parlementaires. Rien de plus dangereux en bio-éthique qu'une loi bâclée.

Géographie et éthique des sciences de la vie et de la santé

Les différences

Il n'est pas permis à Tokyo de prélever un organe à un homme qui vient de mourir. Et les Japonais fortunés traversent le Pacifique pour se faire greffer, à San Francisco, un foie, un cœur californiens. La vente d'un rein vivant est licite au Brésil et peut être proposé par les petites annonces d'un journal. Tout commerce de tissus, d'organes humains est formellement interdit en France. Un prêtre bouddhiste, on l'a lu, ne voit pas comment pourrait s'accorder sa croyance en la métempsycose et le génie génétique.

Dans certains royaumes ouolofs l'accession au trône se faisait par la lignée maternelle, seule garante de la pureté du sang. Aujourd'hui encore dans les sociétés du sud du Sénégal qui ont peu de liaisons avec l'extérieur, l'évolution de la communauté s'organise autour de la femme. Dans d'autres régions d'Afrique, une demande d'insémination artificielle n'est pas satisfaite si elle émane de la femme « car la femme ne sait pas garder un secret ».

La fécondation in vitro est interdite par l'église catholique mais acceptée et même conseillée par les diverses églises protestantes. Les philosophes de l'antiquité grecque, aux pensées si pures, admettaient l'esclavage, l'achat, la vente des hommes. Point d'anonymat des donneurs de sperme en Suède. Anonymat très strict, obligatoire dans les autres pays. Les expériences utilisant les embryons humains sont ici absolument interdites, là permises sans réserve, ailleurs autorisées seulement dans certaines conditions.

Essai d'explication

« Cet arrière neveu de limace qui rêva de justice et inventa le calcul intégral », la célèbre définition de l'homme donnée par Jean Rostand peut une nouvelle fois être rappelée. L'homme ainsi est différent des autres animaux. Doublement. En premier lieu parce qu'il a malaisément, durement, avec des avances et des reculs, cherché à établir des règles morales qui gouvernent ses actions, ses rapports avec les autres hommes. En second lieu, par son constant effort pour accroître la connaissance, du calcul intégral à la biologie moléculaire.

L'évolution de ces deux fonctions majeures au long des siècles, des millénaires, n'est ni pareille, ni régulière. En ces dernières années la science, la technique ont très rapidement progressé, la sagesse n'a pas fait les mêmes progrès. Cette discordance entre la rapidité des progrès de la science, l'absence de progrès de la sagesse explique pour une bonne part les différences signalées ci-dessus, les difficultés rencontrées.

Les explications proposées

Une analyse plus précise reconnaît à l'origine de ces variations géographiques l'intervention de plusieurs données.

Données spirituelles d'abord. Elles sont assurément fort importantes. Les discours du prêtre bouddhiste, les attitudes différentes de l'église catholique, de l'église protestante en témoignent. Elles ne justifient pas seules cependant des oppositions irréductibles. Au sein du Comité Consultatif National d'Éthique, les représentants des diverses familles spirituelles s'accordent, au terme de leurs discussions, sur les règles essentielles.

Données anthropologiques, sociologiques ensuite avec les différences culturelles qui existent entre les divers groupes humains. Ceci dans des domaines très divers : place de la femme dans la société, relations entre les vivants et les morts, rôle du sang.

Données médicales. La fréquence en certains pays de certaines maladies géographiques telles les hémoglobinoses, tel le paludisme, les épidémies de peste, de typhus inspirant les conduites peut être à l'origine de certaines dispositions éthiques. Il suffit, pour mesurer l'importance de ces données médicales, de songer au bouleversement éthique provoqué par le Sida.

Données économiques enfin. La pauvreté n'est pas seule responsable du commerce du sang, des organes humains, mais elle joue un rôle important du côté de l'offre. De même du côté de la demande, la richesse corruptrice intervient fréquemment.

La géographie de la bio-éthique est pour une bonne part fonction de ces données économiques. D'éminents philosophes ont même voulu distinguer deux périodes dans l'histoire et la géographie de l'éthique de la science. Cette éthique a successivement pour adversaires, dans une première période, les dogmes (et l'on pense à Galilée), dans une seconde période l'argent.

CHAPITRE XI

Les Comités d'Éthique

La diversité des Comités d'Éthique

L'évocation de quelques expériences personnelles rend assez bien compte de la diversité des Comités d'Éthique.

En 1973 un chercheur de l'Institut de Recherches sur les leucémies et les maladies du sang observe un fait nouveau, fait une découverte. Une relation de la découverte est envoyée à un grand journal scientifique américain. Quelques semaines plus tard nous parvient la réponse du rédacteur en chef de ce journal. Réponse favorable. « Nos conseillers scientifiques ont trouvé ce texte excellent. Nous sommes prêts à le publier mais il est indispensable auparavant que nous ayons reçu l'avis, l'accord de votre Comité d'Éthique. »

J'ai appelé les trois sous-directeurs de l'Institut. Nous nous sommes constitués en Comité d'Éthique. Trente minutes plus tard nous portions un jugement moral approuvant le travail de notre chercheur. Jugement qui fut le jour même transmis à la revue américaine.

Si je décris ici, avec des remords modérés, cette modeste aventure, c'est qu'elle permet de faire mention des comités de complaisance malheureusement assez répandus. Ainsi les firmes pharmaceutiques, pour la plupart, ont créé des Comités d'Éthique sérieux, réunissant des personnalités extérieures à la firme. Quelques firmes moins scrupuleuses ont formé des Comités d'amis rendant toujours les avis souhaités.

L'émotion provoquée par les premiers succès du génie génétique, les débats d'Asilomar, le moratoire proposé, tous ces événements conduisent en 1975 le gouvernement français à instituer un Comité d'Éthique. Ce premier Comité d'Éthique Français fut placé sous la tutelle de la Délégation Générale à la Recherche Scientifique et Technique. J'eus l'honneur d'y siéger, aux côtés de très grands biologistes français, Jacques Monod, François Jacob... Une section technique (déjà) où l'on trouvait de jeunes chercheurs préparait les travaux du Comité. Les travaux du Comité se poursuivirent pendant deux ans, puis cessèrent. Le premier Comité Français d'Éthique était aussi le premier exemple d'un Comité d'Éthique, ad hoc, d'un Comité défini par la mission même qui lui était confiée et cessait ses activités lorsque la mission était accomplie.

En 1974, le Directeur Général de l'Institut National de la Santé et de la Recherche Médicale crée un Comité d'Éthique. Sa fonction est très précise. La séquence est la suivante : 1) le chercheur propose un programme de recherche et sollicite l'attribution d'un crédit. 2) la commission scientifique compétente porte sur le projet un jugement favorable mais signale qu'une question de bio-éthique est posée par le programme projeté. 3) le Comité d'Éthique de l'Institut examine le projet et rend son avis. Ce Comité d'Éthique a un grand pouvoir. Si l'avis est défavorable, les crédits ne seront pas accordés au chercheur. En fait ce Comité, plus qu'un rôle de gendarme, joua un rôle de pédagogue, signalant les limites qu'il convenait de respecter, les précautions indispensables. Cette pédagogie fut efficace. Après deux ans les projets présentés étaient raisonnables et le Comité se bornait à recommander des changements mineurs.

Les membres de ce comité, tous médecins et biologistes, étaient les uns des chercheurs universitaires, les autres des chercheurs non universitaires, appartenant au CNRS ou à l'INSERM.

La création presque explosive de Comités d'Éthique au sein des hôpitaux de Paris crée vers 1980 une grande confusion. Dans le seul hôpital Necker coexistaient trois Comités d'Éthique. Assez souvent en désaccord. Pour coordonner l'action de ces comités hospitaliers, le Directeur Général de l'Assistance Publique crée en 1984 un Comité Central qui travaille en étroite liaison avec les Comités locaux, reçoit leurs observations, oriente leurs efforts. L'action du comité sous les présidences successives des professeurs Rapin, Henrion, Gervais, a été fort efficace.

Mais déjà en 1983 avait été créé le Comité Consultatif National des Sciences de la Vie et de la Santé.

Histoire des Comités d'Éthique

L'histoire des Comités d'Éthique est récente et cependant parfois confuse. La confusion est liée à l'imprécision des définitions. Toutes les réunions épisodiques, tous les colloques, toutes les commissions gouvernementales éphémères examinant une question de bio-éthique, ne sont pas des comités d'éthique.

Il est raisonnable de réserver le nom de Comité d'Éthique à des institutions assemblant, à intervalles plus ou moins réguliers, des biologistes, des médecins et éventuellement des personnes extérieures aux milieux de la biologie et de la médecine, se consacrant à l'examen des problèmes éthiques posés par les progrès de la biologie et de la médecine. On peut distinguer schématiquement quatre périodes dans l'histoire récente des Comités d'Éthique ainsi définis.

Les premiers comités apparaissent vers 1960 sous des noms variés, avant tout aux États-Unis, mais aussi en Grande-Bretagne, en Suède, en Australie, en Autriche, en Allemagne.

C'est ainsi qu'en Suède, après 1960, des Comités d'Éthique exercent leurs activités dans chacune des six facultés de médecine du pays.

Aux États-Unis, un Comité chargé d'étudier les diverses mesures qui pourraient assurer la protection des sujets humains est formé, dès 1963, après une décision du Directeur de l'Institut National de la Santé.

La naissance de ces comités est liée au développement de l'industrie pharmaceutique, à la nécessité d'appliquer mais aussi de préciser la notion très générale de consentement éclairé, affirmée dès 1947 dans le cadre de Nuremberg, et étudiée attentivement à Vienne en 1959. Schwartz, Flamant, Lellouch, Rouquette posaient dès ce moment les premiers principes de l'éthique des essais thérapeutiques. La déclaration d'Helsinki en 1964 recommande aux promoteurs de protocoles de recherches de consulter des comités chargés de « contrôler la manière dont le consentement est obtenu et la qualité de l'information donnée aux malades participant aux expérimentations ».

Expansion. La deuxième période, la période d'expansion, est caractérisée par trois faits :

1) l'augmentation du nombre des Comités

d'Éthique, augmentation d'abord lente puis explosive autour de 1980;

2) la diversité de la composition des Comités. Les premiers Comités étaient uniquement médicaux. Sous des formes variées et aussi aux environs de 1980 entrent dans les Comités des théologiens, des philosophes, des juristes, des sociologues;

3) l'intervention des pouvoirs publics, ou plus exactement la prise de conscience par les pouvoirs publics de l'importance des questions posées. Les premiers Comités d'Éthique avaient été créés par des médecins préoccupés par les problèmes neufs liés aux progrès de la biologie et de la médecine. Plus tard arrivent les initiatives gouvernementales, telle en France la création en 1975 du Comité d'Éthique placé près de la Délégation Générale de la Recherche Scientifique et Technique et chargé d'étudier les conséquences du génie génétique, tels aux États-Unis la Commission Présidentielle pour l'étude des problèmes éthiques en médecine et en science du comportement biologique qui de 1980 à 1983 eut mission de conseiller les présidents Carter puis Reagan, ou encore le Groupe d'Étude sur la vie et la loi créé par le gouverneur de l'état de New York.

Stabilisation. Vient ensuite la stabilisation. Elle est marquée en France par la création du Comité Consultatif National d'Éthique. Stabilisation ne veut pas dire sommeil. Les progrès de la biologie, de la médecine ne cessent de renouveler les thèmes, les questions que doivent examiner les Comités d'Éthique. Certes aussi la diversité des Comités d'Éthique, les relations qu'ils contractent entre eux ou avec la Société sont objet de discussions, d'échanges. Mais l'éthique de la biologie a pris sa place. Les structures nécessaires ont été organisées.

Relations internationales

Les dernières années sont marquées par les progrès des relations internationales. Sous des formes variées, colloques internationaux tels ceux tenus en 1987 au Japon et au Canada, participation d'étrangers aux réunions nationales, échanges de chercheurs. Ces progrès, ces relations permettent de limiter les difficultés, parfois les périls nés de la différence des concepts, de la géographie de l'éthique.

Classement des Comités d'Éthique

Les Comités d'Éthique peuvent être classés 1) dans l'espace, 2) dans le temps, 3) selon la nature de leurs fonctions.

Espace

Comités Internationaux

Il n'existe pas de comités internationaux d'éthique comparables aux Sociétés Internationales qui rassemblent les hommes de science appartenant à une discipline précise.

Mais les relations internationales rapprochant, par-delà les frontières, les membres des divers comités, se sont largement développées en ces dernières années. Ceci sous des formes variées.

Présence d'invités étrangers aux congrès, colloques nationaux, journées d'éthique organisées en de nombreux pays.

Réunion, sous l'égide d'institutions internationales (Conseil de l'Europe, UNESCO) d'experts préparant les rencontres futures, tentant de bâtir les structures permanentes qui permettront les échanges, les confrontations indispensables.

Comités Nationaux

France. C'est en France qu'a été créé le premier Comité National d'Éthique, ceci par le décret du 23 février 1983 et sous le nom de Comité Consultatif National d'Éthique pour les sciences de la vie et de la santé.

Le Comité est donc national; ses membres viennent des différentes régions de France et ses études concernent le pays tout entier. Il n'a pas de pouvoir. Il est consultatif. Son seul pouvoir est celui que lui donne la sagesse éventuelle de ses avis. Il a pour mission l'examen des questions éthiques liées aux progrès de la recherche biologique et médicale. La morale de l'exercice de la médecine, la déontologie, ne lui appartiennent pas et sont du ressort des Conseils de l'Ordre des Médecins.

Le Comité, outre son président, comprend 36 membres; les uns médecins, biologistes, les autres appartenant à d'autres disciplines, théologiens, philosophes, moralistes, sociologues, juristes, représentants des associations familiales, membres du Parlement.

Au sein du Comité est constituée une section technique de 12 membres qui prépare le travail. Les questions sont posées au Comité par les ministres, par les parlementaires, par tout citoyen. La question posée est d'abord étudiée par deux rapporteurs, un médecin ou biologiste et un non-médecin. Les rapporteurs peuvent ou non se faire aider par un groupe de travail formé de personnes compétentes n'appartenant pas au Comité. Leur rapport est successivement discuté, modifié par la Section technique puis par le Comité. Les travaux du Comité sont de trois ordres : 1) examen de questions particulières d'où peuvent être tirées des réflexions générales, 2) examen d'ensemble d'un grand problème de biologie et de médecine (les essais médicamenteux, la procréation médicalement assistée, le génie génétique), 3) étude d'un problème plus général encore, la personne, la connaissance.

Autres pays. Danemark. Un Conseil National d'Éthique pour la santé et la recherche biologico-médicale sur l'homme a été créé au Danemark par une loi du 22 mai 1987. La moitié de ses membres doit appartenir au sexe féminin. La loi qui crée le Conseil fixe divers principes éthiques qui doivent gouverner l'action du Conseil. Elle prévoit les sanctions pénales auxquelles s'exposeraient les personnes qui ne se conformeraient pas aux avis du Conseil.

Australie. Un Comité National d'Éthique vient d'être créé en Australie (1989).

Comités Régionaux, Locaux.

Ces comités sont très divers.

1) Ils peuvent, et c'est le cas le plus fréquent, être situés dans un centre hospitalier. Ils peuvent être rattachés au Conseil Scientifique d'une université, d'une faculté.

2) Certains d'entre eux ont une vocation plus large, urbaine, départementale, régionale. Ainsi le Comité Central de l'Assistance Publique à Paris coordonne les travaux des différents comités travaillant dans les hôpitaux de l'Assistance Publique à Paris. Aux États-Unis des comités d'éthique sont placés auprès des gou-

verneurs de certains États. Et certains articles d'une loi récemment votée par le Parlement français prévoient la création de comités régionaux.

Temps

Les comités européens et plus particulièrement les comités français sont pour la plupart des comités *permanents* régulièrement renouvelés.

Aux États-Unis les comités d'éthique ont souvent été des comités ad hoc qui travaillent un an, deux ans, puis cessent leurs activités après avoir rendu leur avis.

Missions

Deux types particuliers de comités méritent une mention :

1) Comités des Institutions de recherche, tel le Comité d'Éthique de l'Institut National de la Santé et de la Recherche Médicale, le Comité d'Éthique du Commissariat à l'énergie atomique.

2) Comités de spécialistes, tels ceux qu'ont formé diverses sociétés savantes, psychiatrie, réanimation médicale, etc...

Composition, activités, fonctionnement des Comités d'Éthique

Les premiers Comités d'Éthique étaient, on l'a vu, formés par des médecins et par des médecins seuls. Un peu plus tard certains philosophes ont souhaité que les médecins, tenus pour trop concernés, ne siègent pas dans les comités d'éthique. Des solutions différentes, plus souples, plus ouvertes ont ultérieurement été adoptées. Elles sont variées et tiennent compte des responsabilités variées des comités.

Les diverses formes d'activité de la biologie et de

la médecine doivent être représentées, biologie fondamentale et appliquée, médecine hospitalière et extrahospitalière. La présence, à côté des chercheurs et des médecins, de techniciens, d'infirmières est très souhaitable.

Au premier rang des membres n'appartenant ni à la médecine, ni à la biologie, figurent les théologiens, les moralistes, les représentants des diverses familles spirituelles et philosophiques, les juristes, les sociologues.

Les citoyens du pays concerné peuvent être représentés par des membres du Parlement.

Les comités nationaux doivent nécessairement être mixtes avec par exemple la moitié de leurs membres médecins et biologistes, l'autre moitié formée de membres qui ne sont ni médecins ni biologistes.

Pour les comités régionaux, locaux, deux formules sont envisagées, comités exclusivement médicaux assistés de consultants non médicaux appelés à siéger lorsque le thème retenu est de leur compétence, ou comités en grande majorité médicaux comprenant quelques membres théologiens, philosophes ou juristes.

En principe, les comités nationaux se consacrent avant tout aux questions générales, les comités régionaux et locaux à des questions plus limitées. Mais de tels schémas souffrent d'importantes dérogations. Et surtout il est important que des liens étroits soient établis entre comités nationaux, régionaux, locaux. Sous des formes variées, séances de travail communes, échanges de membres, etc.

Il paraît raisonnable d'accepter dans un pays donné la coexistence de comités créés en fonction de dispositions légales, réglementaires et de comités formés librement par des médecins, par des philosophes, des juristes. Ces comités réglementaires ou libres ne doivent en aucun cas recevoir des subventions de divers secteurs industriels intéressés par les progrès de la biologie et de la médecine (pharmacie, imagerie, etc.). Ils devraient être financièrement aidés par l'État ou par les collectivités locales.

Les membres des Comités d'Éthique ont jusqu'à présent généreusement exercé des fonctions bénévoles. Cette générosité, ce bénévolat doivent persister.

CHAPITRE XII

Enseignement de la bio-éthique

Introduction

Le Bourgeois Gentilhomme
(Acte II – Scène III)

Maître de philosophie. Faut-il que cela vous émeuve? Ce n'est pas de vaine gloire et de condition que les hommes doivent disputer entre eux et ce qui nous distingue parfaitement les uns des autres, c'est la sagesse et la vertu.

Maître à danser. Je lui soutiens que la danse est une science à laquelle on ne peut faire assez d'honneur.

Maître de musique. Et moi que la musique en est une que tous les siècles ont révérée.

Maître d'armes. Et moi je leur soutiens à tous deux que la science de tirer des armes est la plus belle et la plus nécessaire de toutes les sciences.

Maître de philosophie. Et que sera donc la philosophie? Je vous trouve tous trois bien impertinents de parler devant moi avec cette arrogance et de donner impudemment le nom de science à des choses que l'on ne doit même pas honorer du nom d'art et qui ne peuvent être comprises que sous le nom de métier misérable de gladiateur, de chanteur et de baladin.

Les professeurs de philosophie et les professeurs de biologie des lycées que nous avions invités ne se sont pas insultés, n'en sont pas venus aux mains comme les maîtres divers imprudemment réunis par Monsieur Jourdain. Mais ils ont longtemps affirmé les uns et les autres avec force que l'enseignement de la bio-éthique appartenait à leur discipline. Avant, au terme d'une assez longue discussion, en femmes et hommes de bonne foi de s'entendre sur la nécessité d'un travail commun, d'une étroite coopération. Je voudrais ici tout à la fois demander aux maîtres de l'enseignement secondaire de pardonner cette évocation malicieuse des difficultés initiales et rendre hommage à la vigueur, à l'intelligence, à la diversité de leur action ultérieure.

Très vite, dès la deuxième année des travaux du Comité National d'Éthique, cet enseignement de la bio-éthique a été l'objet de nos réflexions.

En 1985 un atelier à la Sorbonne permettait aux professeurs de philosophie, de biologie de confronter (parfois vivement on l'a vu) leurs opinions, leurs méthodes, leurs propositions. Après 1986, ce sont chaque année les élèves des classes terminales qui viennent participer aux Journées Nationales d'Éthique, successivement comme simples auditeurs, comme organisateurs d'ateliers et, en 1988, comme responsables d'une table ronde ouverte aux discussions avec le public. Certaines classes de lycées de Paris ou de province étaient ainsi chaque année invitées. Leurs professeurs pendant les deux, trois mois précédant les Journées de la Sorbonne, leur avaient demandé de préparer à l'avance les questions objets de leurs interventions. Le succès de cette participation des lycéens a été très vif. Les lycéennes et les lycéens venaient nombreux (même si la séance était tenue un jour de congé scolaire) et prenaient part aux discussions avec vigueur et parfois avec passion.

L'importance et la complexité des questions posées par l'enseignement de la bio-éthique étaient ainsi confirmées, des études plus pénétrantes étaient nécessaires. Ces études sont conduites par un groupe de travail, animé par Madame le Recteur Sellier, et formé d'une part par des Inspecteurs Généraux du Ministère de l'Éducation Nationale, d'autre part par des membres du Comité Consultatif National d'Éthique. Ces études se poursuivent mais dès maintenant il est possible de tracer les voies dans lesquelles s'engagent ces études, d'examiner les solutions éventuelles.

Il convient de distinguer dans cette analyse trois chapitres selon que l'on considère 1) l'enseignement secondaire, 2) l'enseignement supérieur (surtout médecine et droit), 3) l'enseignement continu des adultes.

Tout au long de cette étude, il faut tenter de concilier deux principes, chacun très fort, mais, au moins apparemment, en partie contradictoire.

1) La bio-éthique n'appartient pas aux Comités d'Éthique. Elle est l'affaire de tous les citoyens. Les citoyens, pour former leur jugement, pour fonder leur opinion, doivent avoir reçu, doivent recevoir l'enseignement, l'information nécessaires. Les comités permanents d'éthique, tel en France le Comité Consultatif National d'Éthique, sont utiles pendant la période d'organisation de cette instruction, de cette information des citoyens. Lorsque cette tâche sera accomplie, les comités permanents devront disparaître. On pourra envisager la création de comités d'éthique temporaires, ad hoc, appelés à donner leur avis sur telle question éthique nouvelle suscitée par un progrès de la recherche biologique.

2) Il n'est pas de bio-éthique d'État. L'enseignement ne doit en aucun cas dicter des règles de conduite aux futurs citoyennes, citoyens. Il doit, avec objectivité, exposer les données biologiques, expliquer la nature des questions d'éthique posées, analyser les diverses solutions envisagées. Toute morale d'État doit être écartée. Il appartient ensuite aux citoyens, largement et loyalement instruits, de former leur opinion, de l'exprimer.

Enseignement secondaire

Il convient de tenter de répondre aux questions suivantes :

Légitimité de cet enseignement.
Age des élèves appelés à le recevoir.
Nature, contenu de cet enseignement.
Méthodes employées.
Maîtres chargés de dispenser cet enseignement.

Légitimité? L'adulte, très souvent et très tôt, est littéralement sclérosé dans son opinion, dans son conformisme. Il est très peu apte à changer, à modifier son attitude, son jugement en fonction des enseignements nouveaux qu'on lui prodigue.

L'adolescent est ouvert, avide même de recevoir les données qui lui permettront de porter un jugement, de fixer sa conduite.

C'est donc bien pendant le temps de l'instruction, de l'éducation qu'il faut donner cet enseignement. Avec bien entendu toutes les précautions déjà évoquées et qui seront reprises plus loin.

Age? Deux faits doivent être ici rappelés.

1) La classe dite aujourd'hui fâcheusement terminale, qui portait autrefois le beau nom de philosophie, doit être retenue en premier. L'enseignement de la bio-éthique devrait pouvoir, sans trop de difficulté, s'allier pendant cette année avec les enseignements de philosophie et de biologie.

2) Pour 70 % des élèves, l'enseignement de la biologie est interrompu soit à la fin de la cinquième, soit à la fin de la troisième. Deux solutions, éventuellement associées, peuvent être envisagées. Introduire l'enseignement de la bio-éthique plus tôt, par exemple en classe de quatrième. Augmenter notablement le pourcentage des élèves recevant tout au long de leurs études l'enseignement de la biologie.

Nature – Contenu de l'enseignement? L'enseignement devrait aborder essentiellement trois domaines :

1) Exposé des progrès de la biologie qui ont des conséquences éthiques et posent des questions nouvelles.

2) Rappel vigoureux des principes qui inspirent la bio-éthique. Respect de la personne. Respect de la connaissance. Refus du lucre. Responsabilité des hommes de science.

3) Application de ces principes à la solution des problèmes éthiques liés aux progrès de la science.

Méthodes? Il est souhaitable que les méthodes d'enseignement soient aussi concrètes que possible, utilisant des exemples précis, faisant varier les données des questions posées. Il est indispensable d'éviter toute adhésion à telle ou telle famille d'esprit, et les rigidités qui en découlent. Les positions morales variées doivent être expliquées, commentées avec impartialité.

Une période vraiment expérimentale est nécessaire pendant laquelle seront étudiées, éprouvées, comparées, différentes méthodes pédagogiques mises au point par les enseignants eux-mêmes.

Quels enseignants? Avant tout les professeurs de philosophie et les professeurs de biologie entre lesquels s'établira une étroite coopération. A ce travail commun devront être associés les professeurs d'histoire. L'histoire des sciences peut apporter des modèles utiles.

L'intervention de professeurs se consacrant exclusivement à l'enseignement de la bio-éthique ne paraît pas, en l'état actuel, devoir être ici recommandée.

Enseignement supérieur

Médecine.

Trois maîtres. Paul exerce, enseigne la chirurgie depuis trente ans. Il refuse la facilité et s'engage dans des voies neuves et malaisées. Porter secours à son prochain est son seul souci. Chaque malade est son prochain, son frère, est traité comme un frère. Il ira le jour, la nuit, à l'autre extrémité de la ville, examiner, aider ce pauvre homme qui l'appelle. Il ne parle jamais de morale. Il est un modèle vivant. Il est peut-être le seul à l'ignorer.

Pierre, professeur de médecine, est amoureux des techniques. Il se plaît parmi les machines. Les malades ne sont pas inutiles. Ils justifient l'existence des machines. Mais ils sont pour Pierre anonymes. Les sentiments de sollicitude, d'humanité lui sont étrangers. Il ne les méprise pas. Il ne les connaît pas.

Jules aime l'argent et les plaisirs qui en dépendent.

Il aime aussi être apprécié. Il voudrait que sa conduite lui donne l'estime de ses élèves. Il voudrait que ses élèves soient tristes d'être déchus de ses bonnes grâces, ou de n'avoir pas su les acquérir. Il veut tout à la fois gagner beaucoup d'or et être tenu pour le champion de la morale. L'or finalement l'emporte.

Les raisons d'un débat. Les uns disent, l'exemple de nos maîtres nous suffit. Pourquoi nous encombrer d'un enseignement de bio-éthique. L'École de médecine forme des compagnons qui respectent leurs chefs d'équipe et les imitent.

Les autres évoquent la diversité de ces maîtres, leur inégale rigueur, le goût de l'or de celui-ci, le goût de la puissance de celui-là, la vanité de tel autre (moi-même, il m'arrive parfois de me tromper, disait un de mes maîtres). Une structure, estiment-ils, doit être mise en place qui apporte aux futurs médecins les éléments d'information nécessaires.

Vers une méthodologie. L'enseignement dans les facultés de médecine françaises de la bio-éthique pourrait utilement s'inspirer de certains exemples étrangers au premier rang desquels se trouvent les universités du Québec, du Canada francophone (Laval à Québec, Montréal, Sherbrooke), de nombreuses universités des États-Unis (plus de la moitié des 125 facultés de médecine des États-Unis organisent un enseignement de la bio-éthique) la faculté de médecine de Louvain en Europe.

L'enseignement théorique de la bio-éthique semble devoir être proscrit. Les quelques essais tentés ont été des échecs, comme le furent quelques années auparavant les tentatives malheureuses d'enseignement de la psychologie dite médicale.

Deux méthodes d'enseignement dans les universités étrangères ont été efficaces.

1) L'introduction de la bio-éthique dans l'enseignement clinique d'abord. L'histoire d'un malade, un dossier clinique annulé est présenté aux étudiants. L'histoire d'un diabétique par exemple. Interviennent successivement le clinicien, le bio-chimiste, le pharmacologue. Puis sont discutées les questions morales posées par l'évolution, le traitement de ce diabète, l'entrée du malade dans un protocole thérapeutique comportant un médicament nouveau, telle la cyclosporine par exemple. L'étudiant en médecine reçoit aisément ces informations, les intègre à celles que lui ont fournies le clinicien, le biochimiste, le pharmacologue.

2) Les discussions publiques devant les étudiants, de questions éthiques, entre personnes informées mais appartenant à des familles d'esprit différent. Ainsi à Sherbrooke au Canada, un théologien, un juriste, un médecin viennent régulièrement devant les étudiants échanger leurs vues sur telle ou telle question d'éthique. Un homme, victime de la maladie de Hodgkin, est aliéné. Comment va être organisé son traitement? Qui prendra les décisions, qui fera les choix auxquels est associé un malade sain d'esprit? Deux dames lesbiennes souhaitent utiliser l'insémination artificielle ou la fécondation in vitro. La réponse doit-elle être formellement négative ou des compromis peuvent-ils être envisagés? Les étudiants sont invités à participer eux aussi à la discussion.

D'autres exemples pourraient être donnés. Il sera utile, initialement au moins, de se livrer à de véritables expériences pédagogiques pour apprécier la valeur des diverses méthodes proposées.

Ici encore, comme pour l'enseignement secondaire,

se pose la question de la qualification, de la spécialisation des enseignants. Deux méthodes peuvent en l'état actuel être envisagées, la création d'un corps de professeurs de bio-éthique, l'orientation vers la bio-éthique de professeurs appartenant à des disciplines variées qui ont su allier à leur discipline une véritable compétence en bio-éthique acquise en participant aux travaux des réunions internationales ou nationales de bio-éthique, des comités d'éthique, etc. La seconde méthode semble, en l'état actuel, devoir être préférée.

Droit

« Notre programme était déjà très chargé. A cause de vous notre tâche va devenir plus lourde encore. Dès maintenant la bio-éthique et ses relations avec le Droit ont été ajoutées à tout le reste. »

Ainsi protestait l'an dernier, mi-souriant, mi-gémissant, un jeune étudiant.

En dépit de cette modeste objection, l'introduction de la bio-éthique dans l'enseignement dispensé par les Facultés de Droit ne peut être éludée.

Dès maintenant des lois sont les conséquences des travaux des Comités d'Éthique. Il ne s'agit pas là de phénomènes épisodiques. La recherche continuant va devancer toujours la loi, en particulier dans les domaines de la biologie et de la génétique. Il faudra fréquemment se poser la question de la traduction de ces progrès dans les textes et dans la jurisprudence.

Cet enseignement nécessaire des relations entre progrès de la biologie, éthique et droit peut revêtir des formes variées. Trois surtout :

1) A l'orée des études de droit d'abord quand se pose le problème des sources. La bio-éthique peut s'y intégrer au besoin comme élément de la philosophie du Droit.

2) Dans le cours ultérieur des études, la bio-éthique peut être rattachée à divers enseignements.

Elle aurait sa place dans le cours de Droit Civil au chapitre du Droit des personnes. Il va de soi en effet qu'on ne peut plus désormais traiter de la filiation sans y comprendre la procréation médicalement assistée et l'ensemble de ses conséquences.

On peut aussi placer un enseignement de bio-éthique en tête de celui du Droit des personnes en général, tant il est vrai qu'on ne saurait se dispenser en la matière de traiter de l'embryon, de l'état végétatif, de la mort cérébrale, si l'on veut cerner la notion de personne de façon beaucoup plus complète qu'on ne le fait traditionnellement.

S'il existe un cours d'option de Droit médical, la bio-éthique doit bien entendu y être intégrée.

3) Enfin et d'une façon plus générale, la bio-éthique pourrait dans les Facultés de Droit faire l'objet d'un cours à option autonome. Cette voie devrait être explorée quasi expérimentalement par les Facultés de Droit avec le souci d'associer des disciplines variées.

Chercheurs

L'enseignement de la bio-éthique aux chercheurs est nécessaire. Il a longtemps été mal accepté. Cette situation se modifie. Les chercheurs prennent conscience de la gravité des problèmes posés, de leur responsabilité, de l'impossibilité d'assumer cette responsabilité si ne leur est pas donnée une information rigoureuse, constamment renouvelée.

L'objet de cet enseignement est ainsi défini. Il convient de fortifier cette prise de conscience par les chercheurs de leur propre responsabilité et de leur apporter les textes, les documents qui nourriront leur réflexion.

Plusieurs méthodes sont dès maintenant utilisées qui devront assurément être amendées, améliorées pendant les prochaines années.

Les colloques scientifiques, nationaux ou internationaux, consacrent assez souvent une séance aux aspects éthiques des thèmes biologiques, objets des travaux du colloque. Cette séance permet d'utiles échanges entre les chercheurs concernés et les moralistes, juristes appelés à cette occasion.

Les grandes institutions nationales responsables de l'organisation de la recherche peuvent jouer un rôle important. Non pas par la contrainte, mais en mettant à la disposition des chercheurs les informations indispensables. Les comités d'éthique de ces établissements exercent (on l'a vu) une action pédagogique par leurs remarques, leurs critiques, leurs conseils. Il en est ainsi au Commissariat à l'Énergie Atomique, à l'Institut National de la Santé et de la Recherche Médicale (INSERM).

Les Centres de documentation de ces établissements orientent une partie de leurs activités vers la bio-éthique. L'INSERM a fait dans ce domaine un effort très remarquable. Ainsi peuvent être fournies aux chercheurs des informations précises et récentes concernant l'évolution de la bio-éthique dans le temps et dans l'espace, les questions posées dans les divers centres scientifiques dans le monde, les solutions proposées.

Enseignement continu de la bio-éthique

Une ville de province d'importance moyenne. Un millier d'auditeurs présents tout au long de la journée. Au premier rang l'évêque venu de la cité voisine, les chefs syndicalistes. Tous écoutent les représentants du Comité Consultatif National d'Éthique, du Conseil National de l'Ordre des Médecins qui leur exposent l'état de leurs travaux. L'attention des auditeurs est très remarquable; comme est remarquable la pertinence des questions posées après les conférences.

Ainsi se confirme le très vif intérêt porté à la bio-éthique par nos contemporains. Cette demande doit assurément être satisfaite. Il s'agit en quelque sorte d'un enseignement continu de la bio-éthique.

La télévision, la radio, la presse écrite sont assurément concernées en premier chef et nous y reviendrons.

Les journées de bio-éthique « portes ouvertes » sont utiles et efficaces. Le décret, qui créa en 1983 le Comité Consultatif National d'Éthique, lui donnait mission d'organiser chaque année des journées d'éthique ouvertes à tous les citoyens. Mission accomplie. Chaque année depuis 1984 ont été ainsi organisées des journées d'éthique d'abord seulement à Paris, puis depuis 1986 dans plusieurs villes de province. Ces journées, en quelque sorte officielles, du Comité Consultatif National d'Éthique, ont lieu en décembre. Mais d'heureuses initiatives ont suscité d'autres « journées d'éthique » dans diverses villes de province.

Les personnes responsables de la mise en place, du déroulement de ces diverses journées ont peu à peu acquis une expérience utile. Les thèmes choisis doivent à la fois être inspirés par l'actualité et permettre une réflexion profonde.

Les interventions des fous, celles des représentants d'intérêts particuliers ne peuvent généralement pas être évitées. Accueillies par le silence, elles tournent court. Ainsi peut être ménagé tout le temps nécessaire aux autres interventions, en particulier à celles des jeunes, nombreuses et souvent pénétrantes. De tels échanges sont doublement utiles. Ils permettent l'instruction du public. Ils complètent aussi l'éducation des membres des comités d'éthique brusquement ébranlés par telle question apparemment naïve et en vérité très profonde. Au mieux quelques milliers de personnes assistent chaque année à ces journées d'éthique. D'autres formes d'enseignement continu doivent être prévues pour les membres de professions plus particulièrement concernées. Tels les médecins dont la formation continue est en France encore très insuffisante, telles les infirmières dont les organisations professionnelles sont, à juste titre, préoccupées par les questions d'éthique, tels les magistrats qui, au cours de leurs réunions d'enseignement continu, reçoivent les informations utiles portant sur les progrès de la science, sur les relations de la biologie avec l'éthique, avec le droit.

CHAPITRE XIII

Le biologiste et le journaliste

DIALOGUE

Le biologiste. Je vous remercie d'avoir répondu à mon appel, à mon invitation. J'ai accepté, imprudemment sans doute, d'écrire ce rapport, information et bioéthique. Mon embarras est grand. Vous voulez bien m'apporter le secours de votre expérience de journaliste éminent. Nous avons tous deux préféré à l'agitation parisienne le calme de cette campagne charentaise. Cette terrasse est une ancienne aire à blé. Autour de nous les pruniers, les noyers, les pêchers du jardin voisin. Un peu plus loin les prés où paissent des bœufs, des vaches paisibles.

Le journaliste. Laissez-moi vous dire ma confusion. Vous êtes un des maîtres de la biologie moléculaire, un des pionniers de cette science neuve qui reconnaît les lois de la vie, qui apporte une nouvelle définition de l'homme. Vous savez bien mieux que moi poser un problème, en analyser les éléments, trouver une solution.

Le biologiste. La génétique moléculaire d'un côté, et d'un autre côté la presse et l'information qu'elle apporte, ne sont pas soumises aux mêmes lois, n'emploient pas les mêmes méthodes.

Le journaliste. Beau sujet de dissertation. Mais pour

tenter de répondre à vos questions, il convient de revenir en 1950, 1960. Au moment où se développent les grandes révolutions de la médecine et de la biologie. Au moment où les journalistes perçoivent l'importance de ces révolutions et la nécessité d'une large information.

Le biologiste. Mes maîtres, mes aînés m'ont décrit cette période. Tout changeait. La médecine, si longtemps impuissante, devenait souvent efficace. Au temps de l'impuissance, le silence était raisonnable (un silence parfois remplacé par le latin de Diafoirus). L'habitude du silence est forte. Elle persiste lorsque arrivent les premiers succès. Les médecins et les journalistes vivent dans deux mondes différents.

Le journaliste. Des passerelles sont alors jetées entre ces deux mondes. Rendons hommage aux journalistes qui jetèrent ces passerelles, ou plus exactement surent créer la confiance, Étienne Lalou, Igor Barrère, Pierre Desgraupes, Claudine Escoffier-Lambiotte.

Le biologiste. D'abord défiants, puis peu à peu conquis, les biologistes, les médecins acceptèrent ce travail commun. Un travail soumis à des règles techniques et morales rigoureuses. Telle l'obligation de n'apporter que des informations vérifiées, telle l'interdiction de montrer des malades à la télévision.

Le journaliste. Avec parfois des incidents. Pour respecter cette règle, le malade sur la table d'opération est remplacé par un interne emmailloté, masqué comme un véritable opéré. Mais, impatience ou défaut de synchronisation, le pseudo-opéré saute lestement de la table avant la fin de la séquence et toute la France a pu voir que l'émission était arrangée.

Le biologiste. Il y avait des incidents, mais d'une façon générale la situation pendant quelques années a été satisfaisante. Certes tous les journalistes n'étaient pas exemplaires comme ceux que justement vous avez cités. Agitations, désordres étaient parfois constatés, mais peu à peu l'équilibre s'établissait.

Le journaliste. Permettez-moi ici quelque malice. Il n'est pas excessif d'indiquer qu'au moment où s'apaisaient les journalistes, une nouvelle agitation est venue des biologistes, des médecins. Ils se sont laissé induire en tentation. Ils ont bientôt suscité les tentations. Bien plus ils n'attendent même pas les tentations. Ont-ils observé sur deux ou trois malades, depuis deux jours, les effets d'une nouvelle thérapeutique, ils se précipitent à la télévision, envahissent les studios. Et lorsqu'une semaine plus tard leur soi-disant succès thérapeutique est démenti, ils ne sont même pas honteux.

Le biologiste. On peut espérer que cette agitation va souffrir de ses excès. Déjà, me semble-t-il, une amélioration s'ébauche. Et de fait, depuis trente ans, c'est une éthique de l'information en biologie, en médecine qui progressivement s'établissait. Mais voici que naît une discipline nouvelle, la bio-éthique. Et notre problème se complique. Quelle est, quelle devrait être l'éthique de l'information de la bio-éthique. Et d'abord, question préalable, comme on dit au Parlement, cette information est-elle vraiment nécessaire? Mes amis et moi-même, tous chercheurs fondamentalistes, avons été longtemps réticents. Il s'agit de sujets à la fois complexes et évolutifs. Une information simpliste, prématurée peut être dangereuse. Peu à peu cependant nous acceptons de quitter notre tour d'ivoire. Nous nous laissons convaincre.

Le journaliste. L'information est ici un devoir absolu. A la limite on peut admettre que la science appartient aux seuls hommes de science. Mais l'éthique de la science, l'éthique des conséquences de la science concerne tous les citoyens. La bio-éthique a d'abord été réservée aux seuls hommes de science, puis elle a été étudiée par les groupes appelés Comités d'Éthique associant aux hommes de science des philosophes, des théologiens, des juristes, des sociologues. Elle doit, et c'est la troisième étape, être soumise à l'examen puis aux décisions de tous les citoyens. Examens, décisions ne peuvent être envisagés que si une information très forte est donnée.

Le biologiste. Cette information nécessaire est bien malaisée.

Le journaliste. Difficulté n'est pas impossibilité. Il me semble que ces difficultés, ces soucis que nous devons partager sont de deux ordres.

Information d'abord concernant les faits, les découvertes, les progrès de la biologie qui posent une question d'éthique.

Information plus générale ensuite concernant les réflexions, les orientations de cette discipline nouvelle du côté de la bio-éthique.

Le biologiste. L'an passé, à deux heures de la nuit, un de mes amis, membre éminent du Comité Consultatif National d'Éthique, est éveillé par un journaliste. Une grand-mère sud-africaine a porté dans son utérus l'enfant conçu par sa fille et son gendre et vient d'accoucher. Quel est l'avis du Comité d'Éthique? Mon ami, dont l'humeur reste douce même quand on interrompt brutalement son sommeil, s'efforce d'expliquer son embarras, l'impossibilité où il se trouve de répondre, la nécessité d'une longue étude. Incompréhension totale de son correspondant qui, après quelques minutes, interrompt brutalement l'entretien.

Le journaliste. Il est de bons et de moins bons journalistes, comme il est probablement de bons et de moins bons membres des comités d'éthique. Mais l'incident est significatif. Le temps de l'information et le temps de la bio-éthique ne sont pas les mêmes. Le journaliste vit dans l'instant, dans l'instantané. Sa morale est celle de l'immédiat, de l'urgence. Doublement : 1) son devoir est de transmettre sans retard le fait qu'il vient de connaître, 2) et aussi il sait que les leçons, les informations générales concernant ce fait ne seront écoutées, vues, lues que si elles sont transmises en même temps que le fait. Voici quelques années j'ai appartenu à une commission chargée d'organiser l'information relative aux dangers des radiations. Nous avons dû expliquer aux physiciens que le public ne nous écoutait qu'au moment d'un accident tel celui de Three miles island ou celui de Tchernobyl.

Le biologiste. Les journalistes constatent cette attitude de leurs lecteurs, de leurs auditeurs et se résignent. Peut-être trop facilement. Ne peut-on envisager une éducation de ces lecteurs, de ces auditeurs, la mise au point de méthodes retenant leur intérêt.

De toute façon, la bio-éthique n'est pas, comme la chirurgie ou le journalisme, une discipline d'urgence. Elle suppose de longues réflexions de chacun, la confrontation de ces réflexions, de nouvelles réflexions, de nouveaux échanges. L'unité de temps des journalistes est la minute; l'unité de temps des comités de bio-éthique est au minimum le trimestre, et souvent le semestre.

Le journaliste. Je vois bien cette difficulté, cette discordance chronologique. Mais je suis plus troublé encore par la deuxième difficulté, le deuxième souci que vous avez évoqué. Comment transmettre, sans l'altérer, la réflexion, la pensée bio-éthique avec toutes ses nuances.

Le biologiste. C'est bien le souci le plus vif. Avec des échecs humiliants, parfois dangereux. Un professeur de médecine est invité à commenter à la télévision une décision récente d'un comité d'éthique. Il prépare avec soin l'émission, s'efforce d'être à la fois clair et précis. Il pense avoir réussi. Mais le lendemain, dans la cour de son hôpital, il croise un de ses patients, un vieil agriculteur « Ah, Monsieur le Professeur, je vous ai longuement écouté hier soir. Comme vous parliez bien. Je n'ai rien compris. Je vous ai beaucoup admiré. »

Le journaliste. N'êtes-vous pas trop pessimiste? Certaines conclusions des travaux des Comités d'Éthique sont précises. Tels ces principes vigoureusement et rigoureusement posés, le respect de la personne, le refus du lucre.

Le biologiste. Rien n'est simple. Ainsi, la personne. Vous savez que les questions d'éthique importantes se posent aux deux extrémités de la vie. Croyez-vous qu'il soit facile d'expliquer, au cours d'une émission de télévision, les différentes étapes de la vie embryonnaire, ou encore les différentes altérations du fonctionnement cérébral, de l'état végétatif chronique à la mort cérébrale?

Le journaliste. La situation est-elle donc désespérée? Est-il impossible d'envisager en matière de bio-éthique une information satisfaisante?

Le biologiste. Une situation peut être malaisée, grave et non désespérée. Après tout l'exercice même de la médecine nous offre de nombreux exemples de telles situations. Il faut d'abord reconnaître la gravité, ne pas la sous-estimer. Il faut ensuite tenter de trouver une solution.

De l'éthique au droit, un excellent rapport du Conseil d'État a, dans un domaine différent, analysé les difficultés, proposé des mesures efficaces.

De l'éthique à l'information, un travail comparable est nécessaire.

Le journaliste. Rien de plus propice à la discussion

en vérité qu'une aire à blé. J'aperçois au loin les moissonneurs terminant leurs meules, un peu plus près ce jeune enfant qui conduit son troupeau. La paix de votre soirée charentaise nous entoure. Une paix favorable aux échanges amicaux, au lent cheminement vers la sagesse. Échanges, cheminement qui commencent (on n'en sera pas surpris) par une constatation éthique, à savoir l'existence de deux morales, la morale des femmes, des hommes qui se consacrent à la bio-éthique, la morale des femmes, des hommes qui se consacrent au journalisme. Tel de mes confrères, journaliste de haut rang, ne craint pas d'affirmer publiquement « ce qui compte pour moi c'est l'information en tant que telle, qu'elle soit vraie ou fausse cela m'est égal ». Affirmation que complétait un autre journaliste, non moins éminent, en indiquant que si l'information est fausse, il est toujours possible un peu plus tard de publier une correction, un démenti.

Le biologiste. Je ne suis pas surpris par l'existence de deux devoirs opposés, ou apparemment opposés. La bio-éthique ne cesse de rencontrer de tels conflits de devoirs. Tension entre l'homme malade et l'homme sain. Tension entre l'homme malade du présent et l'homme malade du futur. Tension plus générale entre le devoir de connaissance et les droits de l'homme. C'est justement en raison de l'existence même de ces devoirs opposés que des essais de solution doivent être tentés.

Le journaliste. Ces essais n'aboutiront, ne seront transformés, comme disent les sportifs, que si une étroite coopération est établie entre ceux qui s'occupent de bio-éthique, ceux qui s'occupent de journalisme.

Cette coopération existe déjà. Sous des formes variées. Entretiens de deux amis comme celui qui nous assemble ce soir. Groupes plus étendus formés par les correspondants d'un journaliste qui appelle au téléphone X si la nouvelle qui tombe concerne le cancer, Y si elle concerne le rein, Z si elle concerne la cardiologie. (Cette méthode excellente, quand il s'agit de biologie ou de médecine, est probablement moins assurée s'il s'agit de bio-éthique.) Déjeuners ou petits déjeuners (les petits déjeuners sont très à la mode) assemblant journalistes et membres des comités de bio-éthique. Colloques plus généraux.

Le biologiste. Il n'est pas question de censurer les journalistes de l'extérieur; mais une maîtrise interne à la profession ne peut-elle être envisagée? par exemple par une sorte de Conseil de l'Ordre des Journalistes qui préciserait les orientations recommandées.

Le journaliste. Je ne le crois pas. L'auto-censure est redoutable et redoutée. Mais vous ne parlez que des journalistes. Des efforts sont nécessaires de l'autre côté.

Le biologiste. Ils ont commencé. Tel Comité d'Éthique a organisé une sorte de service d'urgence. Un des membres du Comité répond aux journalistes à toute heure du jour et de la nuit. Certes, comme dans l'histoire de la grand-mère sud-africaine, il reste muet si le fait est nouveau. Mais assez souvent, le fait apparemment nouveau a déjà fait l'objet d'études antérieures et l'homme de garde peut orienter utilement le journaliste vers un avis passé du Comité d'Éthique.

Le journaliste. Tout bien pesé, l'évolution favorable souhaitée viendra d'un accroissement, d'un renforcement de la coopération. De nouvelles formes peuvent être envisagées, telle la présence de journalistes comme consultants auprès des comités d'éthique, la présence de spécialistes de bio-éthique comme consultants des chaînes de télévision. Des solutions différentes, éventuellement complémentaires, pourront être proposées. L'information de bio-éthique peut être longue et nuancée dans la presse écrite, plus brève à la radio et à la télévision.

Rien ne serait plus erroné qu'une attitude statique, optimiste ou pessimiste. La bio-éthique est évolutive avec les constants progrès de la science. Les méthodes de l'information ne cessent aussi d'évoluer. Et troisième évolution, la formation des citoyens, leur connaissance se modifient, évoluent aussi.

Les difficiles questions que nous venons d'examiner doivent être souvent examinées à nouveau. De nouvelles solutions doivent être proposées.

Ainsi les coteaux de Charente nous font ce soir le don de prévisions raisonnables et favorables.

CHAPITRE XIV

La bio-éthique en 2090

Novembre 2090. Georges, titulaire de la chaire de bio-éthique au Collège de France, va commencer son cours. Il a quitté quelques minutes auparavant l'île grecque où se trouve sa demeure. La méthode de désintégration-réintégration permet ces déplacements rapides.

Tout au long du XXe siècle, de la première moitié du XXIe siècle, la folie ambulatoire des hommes n'avait cessé de s'aggraver. Non seulement en Europe Occidentale et en Amérique du Nord, mais, partout dans le monde, les automobiles meurtrières se heurtaient, se brisaient, brisaient les crânes, les membres, les viscères des hommes transportés. La situation paraissait sans issue, mais vers 2050, les découvertes des physiciens transforment les conditions de transport de l'homme. Chaque homme, après que son programme atomique eut été établi, peut être désintégré sur place, puis réintégré au lieu plus ou moins éloigné choisi. Les ions voyagent à la vitesse de la lumière. Les techniques de désintégration-réintégration connaissent initialement quelques faiblesses. De même que, dans le passé, un voyageur pouvait se trouver à l'hôtel avec la valise d'un autre touriste, certains voyageurs de

2050 ont eu quelques difficultés avec les ions étrangers. Mais ces erreurs ont été bientôt évitées. Le prix, d'abord très élevé de l'opération, a été abaissé. Des stations-service de désintégration-réintégration se sont ouvertes un peu partout. Les traumatismes ont disparu. Les grandes structures de la chirurgie traumatique sont devenues inutiles.

Georges pénètre dans la salle de cours. Les étudiants, jeunes et vieux selon la tradition du Collège, sont nombreux. Il songe à ce lointain prédécesseur dont l'aventure appartient aux traditions de la maison. Il enseignait, au début du XXe siècle, une discipline peu répandue à cinq ou six auditeurs généralement fidèles. Généralement mais pas toujours. Un soir, un seul auditeur. N'ayant pas terminé à dix-huit heures, le professeur se penche vers l'auditeur unique « Permettez-moi de continuer pendant dix minutes encore. » « Autant que vous voudrez, monsieur le Professeur, répond courtoisement l'auditeur, je suis le cocher du fiacre que vous louez à l'heure. »

Georges, quarante ans, est un des pionniers de la rénovation du Collège de France. Vers 2020, 2030, les progrès de l'informatique et plus encore l'attrait de cette informatique avaient conduit l'administrateur du Collège à supprimer les cours magistraux. Les professeurs furent remplacés par des machines. L'intelligence artificielle se substitua à l'intelligence. Après quelques années d'enthousiasme il fallut déchanter. L'intelligence artificielle n'était pas l'intelligence. L'ordinateur était supérieur au professeur médiocre, mais inférieur au bon professeur. Cette alliance de la rigueur, des nuances, de l'effort pédagogique toujours renouvelé, du constant échange avec l'auditoire qui définit le vrai maître, restait hors de la portée de l'ordinateur.

Après une expérience assez longue et peu satisfaisante, le retour à l'enseignement magistral fut décidé. Georges, depuis quatre ans, occupe cette chaire d'Histoire de la bio-éthique et chaque année renouvelle les thèmes de son enseignement. Pour cette année universitaire 2090-2091, le thème choisi par l'historien est : Évolution de la bio-éthique au XXIe siècle. Dans son île grecque, pendant l'été, devant la mer toujours recommencée, toujours bleue, Georges, entouré de documents, a soigneusement préparé son cours.

Trois périodes au long de ce siècle qui s'achève doivent être distinguées.

La première période (1990-2020) est définie par l'alternance de l'inquiétude et de l'espoir.

Inquiétude lorsque s'étendent les nouveaux pouvoirs de la médecine et de la biologie. La mission de la médecine (longtemps très imparfaitement assumée) était claire : diminuer la souffrance, retarder la mort. Les progrès de la biologie permettent certes à la médecine de mieux remplir sa mission, mais ils donnent à l'homme le pouvoir de changer l'homme, de maîtriser sa procréation, de changer son patrimoine génétique, de changer la personne.

Espoir lorsque les sociétés humaines prennent conscience de l'importance, de la complexité de ces nouveaux périls. Les comités d'éthique, apparus vers 1960, prennent toute leur force vers 1990. Aux nouveaux pouvoirs de la science correspondent de nouveaux devoirs de l'homme. Les principes d'une nouvelle morale, qui s'appellera désormais éthique, sont discutés et apparemment acceptés. Apparemment en vérité. Et seulement par certains groupes entourant ces comités d'éthique. Les mesures légales, réglementaires ou sont retardées, ou ne sont pas appliquées avec rigueur. Des recherches aux conséquences à la fois périlleuses et peu prévisibles sont poursuivies. Tel est le cas des greffes de cellules nerveuses qui connaissent un grand essor vers 2010.

Espoir pourtant quand les chercheurs eux-mêmes mesurent leur responsabilité et s'efforcent, non pas d'arrêter leurs recherches, mais de les orienter de façon à régler par un nouveau progrès le problème éthique qu'un progrès précédent de la recherche a créé.

Mais inquiétude à nouveau quand la simplification des techniques les rend accessibles à de très nombreux laboratoires dans de très nombreux pays.

L'existence de comités internationaux, de résolutions redonne de l'espoir, limite un temps ces dangers. Les limite seulement. Et pour un temps seulement.

Dès 2020, commence la deuxième période de cette évolution de la bio-éthique au XXIe siècle. Une des périodes les plus sombres de l'histoire de l'humanité, pense Georges en revoyant ses notes. L'humanité avait certes déjà connu l'esclavage des sociétés antiques, la traite des Noirs jusqu'au XIXe siècle, la solution finale d'Hitler. Elle va pendant, quarante ans, de 2020 à 2060, connaître les conséquences dangereuses de l'alliance non contrôlée de l'or et de la biologie, du lucre et de la science.

La bio-technologie avait bien commencé. Elle avait permis la préparation de vaccins, de médicaments. Elle s'écarte très vite de ses premiers objectifs. Insuffisamment rentables disent, dans leur langage, les financiers puisqu'ils ne concernent que la maladie. La conception, la gestation, la naissance, le développement du système nerveux, la vie, la mort, tout appartient dès 2020, 2030, à cette bio-technologie que gouvernent vigoureusement de puissantes sociétés multinationales. Le mot banque, imprudemment employé dès 1960, prend tout son sens. Des banques de spermes, des banques d'ovules, des banques d'embryons sont organisées dans de nombreux pays. Le génie génétique permet un large développement d'une eugénique orientée. Les craintes exprimées par de grands chercheurs à la fin du XXe siècle sont confirmées. Tout naturellement de la banque on passe à la bourse. Comme jadis le platine ou le pétrole, les embryons sélectionnés, manipulés, connaissent les faveurs ou l'indifférence des cambistes, sont soumis aux cours évolutifs des diverses places financières dans le monde. Tantôt ces ventes, ces achats, ces trafics concernent les embryons aux premiers stades de leur développement, tantôt il s'agit de fœtus parvenus à des périodes plus avancées et même, après 2050, d'enfants quand sont obtenues, plus tôt qu'on ne l'avait imaginé, les premières naissances après ectogénèse. Ces embryons ont reçu au laboratoire, en culture de tissus les mêmes informations que pendant une grossesse normale. Et parfois des informations améliorées ce qui augmente leur valeur commerciale.

Des liens ont souvent existé dans le passé entre les puissances d'argent et les dictateurs, se rappelle Georges en soupirant, lorsqu'il reprend l'histoire des grands dictateurs qui dominent le monde après 2030.

Les dictateurs du passé imaginaient, mettaient au point, développaient de formidables méthodes de propagande qui tout à la fois inspiraient la crainte et leur donnaient la confiance aveugle de leurs sujets. Les dictateurs de 2030 ont pris à leur service les spécialistes des neuro-sciences. Point n'est besoin de propagande. L'introduction de molécules efficaces et clandestines dans l'alimentation obtient les sujets obéissants, dévoués, prêts à mourir pour la cause que la molécule recommande.

Ces mêmes dictateurs ont amélioré la formation de leurs états-majors. Les cellules nerveuses de grands chefs de guerre sont cultivées, éventuellement améliorées en culture, puis greffées dans le cerveau du futur généralissime.

Ainsi vers 2050 les progrès de la biologie, ou plus exactement l'application pernicieuse des conséquences de ces progrès, les liens pervers unissant biotechnologie et lucre, biotechnologie et pouvoir politique, ont créé une situation à la fois nouvelle et grave. Georges, poursuivant ses études historiques, étudiant les ouvrages, les enregistrements automatiques, contemporains à peu près de sa propre naissance, observe avec accablement cette montée d'une immoralité rationnelle. Le terme éthique disparut de ces textes vers 2040. Toutes les valeurs du passé ont disparu aussi.

La troisième période, la période de la Renaissance spirituelle, intellectuelle, éthique, commence vers 2060. Elle est explosive. En quelques années tout va changer. Georges, chercheur rigoureux, a tenté par l'analyse des documents, des mémoires, des témoins, de déceler les prodromes de cette Renaissance. En vain. Peut-être est-il trop tôt, peut-être faut-il attendre les travaux des historiens futurs qui sauront découvrir ces prodromes, comme d'autres historiens ont dans le passé reconnu à la fin du Moyen Age l'annonce de la première Renaissance. Peut-être faut-il tenir compte de cette accélération de l'histoire décrite par un écrivain belge.

Le grand mouvement d'idée qui suscite cette Renaissance commence dans les universités, les centres de recherche, aussi bien du côté des maîtres, que du côté des étudiants, aussi bien du côté des biologistes, que du côté des théologiens, des philosophes. Il s'étend ensuite aux administrateurs, aux politiques, aux journalistes, finalement à tous les citoyens.

Il s'agit en fait tout à la fois d'une renaissance et d'une nouvelle naissance.

Renaissance lorsque sont retrouvées, tirées de leur cercueil, affirmées les valeurs fondamentales que la période précédente avait ensevelies ou négligées.

Chaque homme est un être unique, irremplaçable, différent de tous les autres hommes. Il doit être respecté, protégé de sa naissance à sa mort et au-delà de sa mort. Il doit être respecté dans sa totalité, dans son unité de personne et aussi dans chacune des cellules dont la diversité additionnée contribue à cette unité. Ni cette personne, ni chacune de ses cellules ne peuvent être objet de commerce. Tout commerce de l'être humain est condamné par la morale et par la loi.

Entre les hommes, il n'y a pas inégalités mais différences. Tel caractère avantageux ici est désavantageux là. La sélection nécessaire est à la fois sélection et orientation fondées sur l'analyse de ces différences.

La vie et la mort sont liées, sont définies l'une par l'autre. La reproduction sexuelle, la différence, la mort sont apparues à peu près dans le même temps dans l'histoire des êtres vivants et ont représenté des progrès associés. L'homme est défini par son aptitude à créer, par son aptitude à apprendre. Les deux devoirs majeurs sont l'accroissement de la connaissance, la transmission de la connaissance.

Toute la médecine est amour, disait déjà Paracelse. La formule est vraie au temps de la deuxième Renaissance, comme au temps de la première Renaissance. Cet amour, cette compassion, ce sens de l'humain qui ont tant manqué pendant les deux premiers tiers de ce siècle, éclairent les réflexions, l'esprit même de cette deuxième Renaissance, comme ils éclairaient certains tableaux du Quattro Cento.

Ce respect de la personne et de la connaissance, de la vie et de la mort, cet amour n'auraient pas suffi seuls. Ils existaient déjà vers 1980. En fait, en 2090 il ne s'agit pas seulement d'une renaissance mais aussi d'une nouvelle naissance.

Georges examine, analyse les textes des biologistes, des philosophes, des théologiens, des historiens des sciences de 1980. Il note deux faits : 1) Les grands principes sont connus, mais ils ne sont pas associés. Ils restent indépendants les uns des autres. 2) Les applications sont incertaines. Ces grands principes sont affirmés mais les conséquences ne sont pas tirées. Assemblant, comparant les textes de ses prédécesseurs, Georges constate qu'avec lucidité ils ont parfaitement perçu les raisons de ces incertitudes et finalement de ces échecs. A savoir la discordance existant entre les progrès de la science et de la technique d'une part, l'absence de progrès de la sagesse d'autre part. D'Archimède à Einstein la science s'est transformée. De Platon aux philosophes contemporains, la sagesse est restée la même. Cette discordance explique assurément les incertitudes, la fréquente impuissance de la bio-éthique de la fin du XXe siècle. Elle explique aussi les graves désordres des deux premiers tiers du XXe siècle, la toute-puissance de l'argent, le mépris de l'homme traité comme un matériel.

Et Georges, se penchant sur cette seconde Renaissance, sa contemporaine, examinant les textes récents, constate avec admiration, avec bonheur que la discordance a disparu. La révolution des concepts, des pensées qui définit la deuxième Renaissance est aussi une révolution des conduites. Les grands espaces, les déserts parfois qui donnèrent tant de soucis au siècle précédent, de la science à l'éthique, de l'éthique au droit, de l'éthique à l'information, à la pédagogie, on les voit se combler, disparaître. Les décisions utiles sont prises avec sagesse, appliquées avec sagesse.

Cette orientation heureuse est-elle la conséquence des terreurs inspirées par la cruelle période de dictature de l'argent et du pouvoir politique, est-elle due à cette mutation qu'avait laissé prévoir au XXe siècle l'anthropologue Jacques Ruffié, est-elle l'expression de l'évolution vers le spirituel annoncée par Jean Guitton? Georges pense d'abord qu'il est difficile de faire un choix, puis, après réflexion, se demande si ce choix est bien nécessaire. Les trois interprétations proposées ne s'opposent pas mais se complètent. Et le malheur des hommes va diminuer.

Georges va commencer son cours. Il englobe d'un regard son auditoire. Au premier rang, juste en face, un homme très attentif. Attentif mais incomplet. Le lobe inférieur de son oreille gauche manque. Peut-être impatient n'a-t-il pas attendu les quelques secondes qui auraient permis la réintégration des atomes de ce lobe.

Georges aime marquer par une citation le début de son enseignement :

« Les âmes ne sont pas vaincues par les armes, mais par l'amour et la générosité », écrit Spinoza, auteur de l'*Éthique,* notre maître.

BIBLIOGRAPHIE

AMBROSELLI (C.), *L'éthique médicale,* Que sais-je? PUF, 1988.

AMSELEK (P.), *Science et déterminisme* (Éthique et liberté), PUF, 1988.

ATLAN (H.), *Entre le cristal et la fumée. Essai sur l'organisation du vivant,* Le Seuil, 1979.

ATLAN (H.), *Biotechnologie. Homme et Nature in Futuribles* (7-27) (mai 1987).

Bio-éthique, Revue de métaphysique et morale, juillet-septembre 1987.

La bio-éthique en panne, Esprit, novembre 1989, 49-123.

BRUGUES (J.L.), *La fécondation artificielle au crible de l'éthique chrétienne,* Fayard, 1989.

BYK (S.), *Procréation artificielle. Où sont l'éthique et le droit?* (Contribution multidisciplinaire internationale), Lacassagne – Masson, 1989.

CALLAHAN (D.), *L'éthique bio-médicale aujourd'hui. In* « Éthique et biologie ». Cahiers Science, Technologie, Société. CNRS, Paris, 1986.

Comité Consultatif National pour les Sciences de la Vie et de la Santé. *Recherche bio-médicale et personne humaine.* Documentation française, 1988.

Comités d'Éthique à travers le monde, Tiercé Médecine, INSERM, 1986-1987.

De l'Éthique au Droit, Conseil d'État, 1988.

L'Éthique. Corps et Ame, M. Azoulay et P. Jouanneau. Autrement, revue, 1987.

Expérimentation bio-médicale et droits de l'homme. Préface de Guy Braibant, PUF, 1988.

FAGOT-LARGEAULT (A.), *L'homme bio-éthique,* Maloine, 1984.

Génétique, procréation et droit, Actes du Colloque, Actes Sud. H. Nyssen édit. 1985.

GERAUD (R.) et MERGER (C.), *De l'ovule à l'étoile.* Procréatique et Société, 1988.

GOT (C.), *Sida, Santé, Société,* Médecine-Science (1989), *5,* 4, 204-205.

JOUANNET (P.), *Comités d'éthique. Nécessité, contrainte ou parapluie, in* Éthique Corps et Ame, 75-83, Autrement, 1987.

KEMP (P.), *Éthique et Médecine,* Tiercé Médecine, 1987.

LABRUSSE (C.) et BEAUDOIN (J.-C.), *Produire l'homme. De quel droit?* PUF, 1987.

LAROCHE (T.), *Les nouveaux enfants (adoption et procréatique),* Vie des hommes et nouvelle cité, 1989.

LAZAR (P.), *Les explorateurs de la santé,* Odile Jacob éd., 1989.

LUCAS (P.), *Dire l'éthique,* Bio-éthique et politique (sous presse).

MONOD (J.), *Le hasard et la nécessité,* 1970.

PORTILLO (R.B.), *Éthicienne de garde, in* Éthique Corps et Ame. Autrement, octobre 1987, 12-18.

ROYER (P.) et GUIGNARD (S.), *Éthique et Pédiatrie,* Flammarion, 1982.

THEVENOT (X.), *La bio-éthique* (Le Centurion-La Croix), 1989.

CET OUVRAGE
A ÉTÉ COMPOSÉ
ET ACHEVÉ D'IMPRIMER
PAR L'IMPRIMERIE FLOCH
À MAYENNE EN FÉVRIER 1990

N° d'éd. 1312. N° d'impr. 29064.
D.L. : février 1990.
(Imprimé en France)